后浪

脑科学压力管理法

HIJACKED BY YOUR BRAIN

How to Free Yourself When Stress Takes Over

[美]
Julian Ford
朱利安·福特
Jon Wortmann
乔恩·沃特曼
著

吕云莹——译

江西人民出版社
Jiangxi People's Publishing House
全国百佳出版社

目 录

前　言

本书讲述的所有故事都是真实的。我们有幸见证了数千人通过管理大脑中的“压力警钟”来重新掌控自己的生活，还向其中一部分人提供了帮助。为保护当事人的隐私，我们修改了所述案例中的部分细节。如有雷同，纯属巧合，请勿将其误解为对特定人物的描述。我们希望，在阅读本书时，你能在书中人物身上找到自己的影子，因为你们都面临着现代生活的终极挑战：不再将压力视为焦虑和绝望的来源，而是把握压力这一机遇，令我们所居住的世界变得更美好。

引 言

如何才能避免我们的生活被压力劫持?

在压力面前，无论我们应对得多么妥善，依然迟早会被击垮。即使是那些能在巨大压力之下镇定自若的人，也必定有不堪重负之时，绝无例外。

即使我们努力管理压力，仍会出现以下情形：

- 发现自己在争执中说出违心之言
- 忘记对他人的承诺，不得不面对对方的失望和自身的内疚
- 在遭遇欺凌或受到虐待时，选择退缩而不是坚定主张
- 面对竞争无法保持冷静思考，而是紧张得喘不过气
- 总是冲动行事，明知故犯
- 怪罪他人，不愿承担责任
- 沉溺过去，徘徊不前
- 无法与自己或他人和解
- 在重要的截止期限面前，选择拖延甚至放弃
- 被鸡毛蒜皮的小事压垮

一旦压力主导了生活，我们就会失去良好的判断力和应对能力，糟

糕的后果也会随之而来。这种恶果有时是立竿见影的，但通常更为潜移默化。你对此毫无察觉，直到生活陷入危机——可能是对你举足轻重的一段人际关系终于分崩离析；也可能是某天醒来你突然发现自己已偏离正轨，再难成为你明知自己本可以成为的那个人。

但这一切是如何发生的？怎样才能解决呢？

科学家们展开了一系列新的研究（不仅立足于身体，更着重从大脑的角度来观察压力对人的影响）。这些研究属于“创伤应激（亦称心理创伤）”领域，它不同于日常所说的普通应激反应，具有高度的专业性。

创伤应激源指的是使你感到极为震惊恐惧的事情，能令你的一生如走马灯般浮现在眼前。经历这种应激反应后，你会庆幸自己仍然活着，但脑中已深深留下阴影。

研究结果表明，创伤并未损伤大脑，而是改变了大脑的运转方式，并且大幅改变了身体对于应激源的反应。由此，今后即便你面对的只是日常压力，也有可能感到不堪重负。

创伤应激源导致许多人患上了PTSD（创伤后应激障碍）。PTSD可持续数月或数年，不过根据对患者的现有研究，有一种方法可以帮助迟迟无法从PTSD中恢复过来的人们。

即使你未曾经历过创伤，了解创伤应激的最新研究成果也可能有所裨益。通过研究暴露在创伤应激源下时大脑所产生的变化，我们有机会认识人脑处于各种让人崩溃的应激情况下的状态。

遭遇创伤性事件并不是人产生应激激素的必要条件。应激激素的导火索往往是看似微不足道的随机事件，譬如手机铃声响个不停、配偶或子女惹你生气、车流中有司机突然变道挡路，或者同事留下一堆烂摊子要你收拾。

大多数时候你都能妥善应对，管理好自己的应激反应。你可以深吸一口气数到10，默念不要为小事操心，然后开始做别的。但是总有一些时候，应激反应会像野火一样失控蔓延。

在此时，你眼前一片血红：血压飙升、心脏轰鸣、思绪狂奔。你神经紧绷，想不起任何压力管理技巧。你试图采取措施，然而应激反应太过强烈，让你根本无法冷静，而难以放松这一事实则令你感觉更糟。

理论上，普通堵车所引起的极端应激反应不同于生命威胁下的生理反应，但是在这两种情形中大脑的失衡过程却惊人地相似。

当你紧张得手足无措，所有努力都以失败告终时，你会怎么做？

缺失的步骤：聆听脑中的警钟

答案是，聆听你脑中的警钟。压力（准确地说是应激反应）并不是问题，而是人体安全与健康的重要保护因素，应当得到了解和重视。这听起来或许很疯狂：应激反应怎么可能使人更健康？不是有科学研究表明，压力会引起各种疾病和社交障碍吗？压力难道不会使人生活得更痛苦吗？

对，也不对。很多研究确实证明，一个人越是感到紧张（或者说他的家庭、社交、工作或学习环境氛围越是紧张），就越有可能患病或抑郁。然而，这些研究并不能说明应激反应是有害的。

应激事件的确能引起应激反应，但是该公式中缺失了重要的一环：应激事件会引起大脑变化，由此才导致了生理应激反应。这中间的一步至关重要，我们只要能意识到脑海中发生的变化，就不会因应激反应而陷入滚雪球式的崩溃中，此时应激反应反倒是一种珍贵的情报，能帮助我们生活得更健康快乐。所以问题的关键在于，你必须非常了解自己的大脑，准确解读它传递的信息。

为了真正缓解压力，你需要认识大脑的生理活动，以及如何通过大脑活动管理压力。尽管近十年来开创性的科学研究层出不穷，但许多人从未有机会明白，不受控制的应激反应之所以出现，是因为每个人脑中都有一个警钟。警钟能保护我们免遭极端危险侵袭，从而专心生活。不过，如果这个警钟过度活跃，就真的可能“绑架”你的大脑、身体乃至生活。

当我们试图从极度紧张带来的身心痛苦中放松下来时，往往会不假思索地做出反应，事后又悔恨不已。但是，我们也能学会使大脑警钟和产生冷静及控制感的中枢互相配合。本书有两个宗旨，一是提供大脑的使用说明书，二是介绍改变大脑应激反应的技巧。

背后的科学

两位导师（也就是作者）将在你的阅读之旅中陪伴着你。首先是临床心理学家朱利安·福特，曾为数百名不同背景、年龄的创伤应激与PTSD患者提供咨询意见。在研究与职业生涯中，他专注于治疗严重暴力、虐待、战争及自然灾害的幸存者。过去的35年间，他与同事、学生一起，致力于治疗参战归来的军人、贫困人群、狱中囚犯以及尚未摆脱成瘾症和重度精神疾病的男女老少。他重视情绪管理的核心技巧，因此许多机构都曾向他咨询创伤应激的治疗与预防措施，其中包括世界卫生组织（WHO）、美国国立卫生研究院（NIH）、美国卫生与公众服务部

(HHS)、美国退伍军人事务部（VA）、美国疾病控制中心（CDC）等。

另一位是乔恩·沃特曼，曾在哈佛大学学习神学。他的职业生涯从公共组织开始——在医院和教堂帮助流浪者。当乔恩开始从事企业领导力发展培训时，总觉得所有环境中都少了点什么。当遇到问题时，人们获得的解决方案和支持往往只在短期内有效，而不能真正帮助他们改善所处境况。对乔恩而言，朱利安的研究就像是牛顿的苹果。朱利安发现了个人及组织健康受损的原因和应对策略。乔恩以患病者、情绪悲伤之人、不堪压力的企业高管乃至大学生运动员为对象，测试了朱利安提出的方法。所有人都反馈，自己的压力管理能力有所提升。

之所以合著本书，是因为我们长期致力于研究并关怀遭遇了极端创伤的人群和普通应激源的应对者，两人共计50年的从业经历使我们发现了一个普遍性的问题：人们对大脑应对压力的机制有所误解。压力和大脑都不是敌人，压力会引发崩溃并不是由于大脑存在功能性损坏或故障——大脑仅仅是被困在了冗长无益的应激反应中而已。这种时候就需要一本指南来帮助我们打破禁锢。

减缓压力的指南

市场上尚未有书籍解释怎样在压力引发崩溃时（最好是在发生之前）将心灵和肉体分离。我们两人也喜欢分析大脑功能、传授压力管理技巧的书，但在此需要强调的是，本书与它们之间存在一项重要的区别。本书的目标是帮助你理解大脑在承受压力时发生的变化，从而学会有意识地利用大脑。

在第一部分中，我们将探索大脑的应激反应和压力管理体系。你会了解到，在压力警钟响起时，大脑会如何转入生存模式、如何本能地调动主要用于学习的思考和记忆中枢。本书将摒弃把压力视为问题的错误论调，使你了解什么是有效的压力管理——你可以利用压力，促成脑内学习中枢和警钟系统的良好配合。当这两者形成合作时，崩溃要么不会发生，要么会变得短暂、温和、可控得多。

第二部分将告诉你，如何在日常生活中学会和练习两种提高大脑思考效率的模型，以建立和维持上述协作关系。你可能会问："难道平衡大脑中的化学环境不需要服用抗抑郁、抗焦虑药物，或者接受手术？"其实，药物虽然有用，却不能改变大脑的警钟系统的运作方式。药物无法激活脑内学习系统和警钟系统之间的配合。因此，你需要教大脑自我清零。也就是说，你要通过创建大脑不同中枢间的协作，调动大脑最强大的能力——思考。基于神经科学，第二部分介绍了两种主要方法，可以使大脑在应激反应中扮演的角色更为简单。基本上，有意识地集中注意力永远是最有效的大脑运用方法，因此我们将说明如何以简单易记的方式实现精神专注，这种方式已被临床试验证明有效。

到了第三部分，你会发现，其实你已经掌握了清零压力警钟的很多绝佳方法，虽然这些方法几乎均不符合应对压力的常识。即使是压力处理专家，也会过于强调要摆脱、克服、超越应激反应，而实际上我们应当利用应激反应。应激反应是不可避免的，假如我们能在早期捕捉到应激反应，并从中提取出有用信息，就可以学会调整大脑，专注于人生中最重要的事情。试图停止警钟并忽略警钟传达的重要信息是一种常见错误，而我们将告诉你3种聚焦身心的方法，以避免这种错误。

如果能学会利用大脑的记忆思考系统来清零警钟系统，你就夺回了控制权。不幸的是，你身边多数人仍然困在误解压力和大脑作用的思想牢笼中。因此，在本书最后一部分，你将学习如何在日复一日的实践中运用所学的大脑运作知识。你将培养出管理自身压力的能力，并以更有意义的形式，与缺少上述知识的人展开互动。你将找到冷静自信的感觉，实现生活的根本价值，这是对付出的回报。

第一部分

压力与大脑

1

生存脑

在本书的开始，我们将向你介绍压力的感受。大多数人知道极度紧张的感觉，但通常无法察觉每时每刻如影随形的压力。

来检测一下你目前的紧张程度。以1～10分作为衡量维度，10分是你曾感受过的最强烈的紧张，1分是目前为止你最轻松幸福的状态，目前你的紧张程度是几分？

如果你正在家中倚着舒适的椅子读书，在海滩边闲坐度假，或饮用你最爱的咖啡小憩片刻，你的得分应该非常低，可能是1或2分。如果你正乘坐飞机，而邻座咳嗽不止，可能你的分数是3或4分。而如果你对身边围绕的人没什么好感，或者正在拖延即将到达截止期限的任务，你的得分可能更高。

现在，让我们做个快速的实验。

想象你所有的钱都没了。更糟的是，你独自一人——没有亲友帮助你……总之你一无所有。带着这种想法坐一会儿。

现在，你的紧张程度是几分？

这个得分超过了你初始的自测分数吗？对于大多数人而言，仅仅是想象一下丢失了自己的全部财产，压力就会增强。每个人都有能力意识到紧张感，在本书中，我们将帮助你运用这套衡量紧张程度的方法，掌控压力而非让压力掌控你。

让我们现在就开始减轻压力吧。

想象你最爱的那个人，那个与之相处时让你感到放松自如的人。想象他（她）正喜悦而兴奋地看着你。如果你正与那个人待在一起，就愉快地注视他（她）一小会儿（如果对方注意到你的视线，就说你在做个实验，过后会解释）。

你的压力减轻了吗?

压力减轻的效果取决于专注的程度。如果你能专注于思考有关所爱之人的想法或经历，紧张程度就有可能下降。对于应激反应而言，疗效最快、最好的解药往往是重要关系赋予你的安全感。如果紧张感没有缓解，并不意味着你有什么问题，而仅能说明目前你不适合用这种方式集中注意力。我们将通过本书帮助你确定自己希望专注思考的对象，掌握最适合自己的压力管理方式。

通过进行文首的实验并阅读本章，你将认识到压力来自大脑的哪个部分。紧张感有时来势汹汹，有时则潜移默化。了解紧张感的出现方式，能帮助你树立压力管理意识，最终达到自己的最佳状态。

坏消息是，现在我们需要让你再次紧张起来。我们对接下来的事情感到抱歉，不过下一环节很重要。

想象你接到了这样一通电话：发生了一起车祸，你最爱的人情况危急，可能会死亡；你将再也见不到这个人。

停留片刻，感受这个不祥的念头给你带来的影响。

体会你心中奔腾的思绪、情感。感受一下此刻清晰地思考有多困难，简直如同脑海中有一部分被引爆了，连自己的想法都难以听清。

如果你成功地想象出了这样一通电话，就会切实感受到应激反应的增强。

现在，再次想象你爱的人。

回忆一段最美好的经历：你和他（她）一起做你喜欢的事情、在你喜欢的饭店吃饭，或是他（她）做出了总能博你一笑的行为。如果你回忆起，在这段经历中自己被爱所包围，请留意此时发生的一切，感受紧张程度的减弱。

发现了吗？在集中精神回忆生命中最珍贵的事物时，你的感受也由此发生了改变。这不是在玩弄你的感情。压力处理能力取决于注意力集中的形式与方向。我们此前已经学会了积极思考、解决问题等常规的解压方法与技巧，它们可以发挥作用。但是你首先必须将注意力集中到自己最重视的事物上，然后才能自然而然地积极思考，有效解决导致压力的问题。

下面，我们将告诉你怎么做。

压力与现代社会的讽刺性关系

要学会集中注意力，我们首先应认识到，人类的身体就是为感受压力而生的。这是生理结构的一部分，能保证我们安全和清醒，但我们总是把这种天然的保护机制视为坏事。我们总是试图避开压力的源头，除非已经到了非处理不可的地步——我们拖延学业、工作，把困难的沟通推迟到最后一刻，甚至连购物都留到假期的最后一天再做。

面临压力时，我们试图无视自己的感受。我们看电视、玩网络游戏、埋头读杂志小说。不幸的是，如果无视压力的方法没有奏效，我们就会为了让自己感觉好些而用尽各种手段，即使心中明知这些举动有害无益。最终，我们依然无法逃离压力。

压力是无法避免的。

为了更有效地管理压力，你必须承认压力无可避免。事实上，感到紧张是很自然的。令大脑感到压力的威胁无所不在：物价上涨、工作时间延长、通勤耗时过久、家中漏水等。压力随处可见，来源复杂（安排过满的日程、没完没了的社交和全球性的竞争），令我们疲惫不堪。我们真的太忙了。

然而讽刺的是，当下也是人类史上生活资源最丰富、生活品质最高的时代，包括信息、食品、气候控制、室内排水设备、医疗保健、娱乐等方面。可是这些优势中，没有一项能让我们对压力免疫。

更讽刺的是，宝贵的压力管理技巧已得到广泛普及。在21世纪，大多数人都比历史上的顶尖权贵与智者更了解如何应对压力。

想想我们拥有的全部资源吧。多数健康俱乐部设有瑜伽课；在每个城市中都可以找到冥想集会；大多数医院的正念训练都由保险公司买单。你还可以遵循古老传统，进行礼拜。健身中心开遍各个社区，还有数不尽的安全小道可用于散步、跑步、骑车。全世界有数百万名精神卫生与人类服务专家。他们能提供咨询服务，传授经过科学认证的疗法，以缓解你的各种问题——从极端创伤造成的痛苦到日常工作生活带来的压力。然而，我们依然会过于频繁地陷入紧张之中。

为了利用大脑的潜在资源减轻压力，我们必须了解应激反应产生于大脑的哪个部位，以及如何从应激反应中提取有效信息。

警钟系统

每个人的脑中都有一个警钟系统。

科学家认为，大脑中的杏仁核是我们所有情感的来源，它包括两个形状类似杏仁的小部件。它们分别位于左脑和右脑，是中枢神经系统的古老组成部分，运作方式如同唤醒我们的闹钟，也如同针对威胁生命的紧急事件的报警器。

杏仁核可以向人体发送提高警觉的两种信号：通常情况下，第一种信号可起到正常的唤醒作用，此时身体会从白日梦或无所事事的状态切换至专注状态。例如，当老师或老板叫你的名字时，警钟系统会警告你重新集中注意力并做出回应。警钟系统也会响应他人所表达的需求或情绪，例如婴儿的哭泣、朋友递来的眼色，或对方话语中的不快。当你驾车不专心时，大脑警钟系统会叫醒你，令你恢复注意力。大脑警钟系统在多数情况下很有效，有点像吉明尼蟋蟀[①]，提醒你把注意力集中到需要的地方。

你可能从未留意过警钟系统发出的这些提高警觉的温和督促，但却能体会到警钟工作与休息时的差别。晨起时，警钟的活跃度通常保持在最低水平，因此你会感到冷静平和。一般而言，在早晨，直到你冲热水澡或闻到咖啡香时，警钟系统才会开始活跃。警钟使你集中精神做些小

---

① 动画《木偶奇遇记》（*Pinocchio*）中的角色，在匹诺曹不听爷爷的话逃出家门时，吉明尼蟋蟀会突然出现，劝他回家学习。——译者注

事，比如刷牙（以保护牙齿健康）、做清晨瑜伽（以维持强健体魄）。不过，有时候，你却睡过了头。

当你从床上坐起来，意识到自己起晚了时，难免全身一震——那也是大脑警钟造成的，只是如今它在基本信号上又加了第二层信息。当你察觉到问题时（即通过潜意识发现问题紧急时，那实际上远比大脑明确意识到问题的时间早），大脑警钟会发出行动信号："别干坐着，快采取行动！"

第二种信息伴随肾上腺素而来，感觉像是打一个激灵或者感到极度紧张。此时，大脑警钟表示你正面临着一场危机，警钟信号听起来更像刺耳的火警，而非床边闹钟的温柔交响。大脑警钟不再放任你继续愉快高效地与周围人合作，完成手边的事情。现在，它出示了红色警告，要求身体调动全部资源，处理其感知到的危机。

在这种极端情况下，警钟有更加严肃的目的：简而言之，生存。当一个人将受到实质性伤害，甚至已经受伤时，警钟就会进入高度警戒模式，也就是警钟的紧急状态。人看见持刀者就跑，是因为警钟已响遍全身。不假思索地做出反应，把他人从飞驰过来的汽车面前推开，也是警钟发起的英雄行为。当我们没有时间驻足思索，必须立即行动（战斗或逃跑）以躲闪、逃避或抗争生命危险时，警钟能使我们行动起来，拯救自己或他人。

警钟也可能走火

大脑警钟存在的问题是，某些特定压力可能使它走火。杏仁核或许会在善意提醒的初衷上走得太远，变得过度活跃。更严重的问题是，即使没有紧急情况（或危机已过、困难已解决），警钟也可能会持续处于生存模式。在生活中，很多压力都源于警钟高估了危险的严重程度。

例如，一个业务员眼看就要迟到，跑出家门却没带车钥匙。当他冲回家中，两岁的女儿跑过来，他于是大喊："现在不行！"妻子本来在微笑，以为自己会再得到一个告别吻，但是如今她已经做好了与他争吵的准备——丈夫的警钟反应令妻子的警钟产生了同样强烈的反应。

当大脑警钟无法区分生命威胁与日常生活时，似乎会将所有事件默认为重大紧急情况。例如，二十世纪五六十年代的经典社会心理学实验米尔格拉姆实验显示，普通人如果面临需采取极端手段的模拟情景，就会产生极端反应，向陌生人甚至同学施加不可思议的暴力惩罚。尽管从头到尾都知道这只是一次实验，但他们的反应却十分令人震惊。

在著名的米尔格拉姆实验里，受试者以为自己可以向做法不符合实验者要求的同伴施加痛苦无比的电击。但受试者并不知道的是，同伴实际上是演员，电击也不是真实的。他们相信自己确实在伤害他人，却依然持续发起电击，只因实验者这么要求。他们每个人都认为："我不得不这么做！"他们的大脑警钟忽略了必须停止伤害他人这一显而易见的选项，仅仅因为对方答错了一个问题。

他们本可以做出正确的决定，停止如此残忍的行为，但是他们未能充分理清思绪，牢记基本的价值观。我们列举这个案例并不是为了指责他们。我们每个人都会在日常生活中遇到同样的情况——只不过对于真正重要的事物，我们很少做出如此明显而令人揪心的妥协。

斯蒂芬·平克（Steven Pinker）在《人性中的善良天使》（*The Better*

Angels of Our Nature）一书中称，一些强有力的证据表明，残忍并非与生俱来。对于这些受试者的反应，最好的解释是：当时，他们的大脑认为只有采取极端措施才能生存下去。当大脑在压力的作用下误读当前情况时，可引发过激反应，这会损害亲密关系、职业生涯等生命中的重要组成部分。

但是，既然并未面临生死攸关的情况，健康的大脑怎么会做出对他人施以暴行的疯狂决定呢？这是因为，如果一个人长期处在应激状态下，或经受过极端应激源（如创伤性事件、暴力或虐待）刺激，大脑警钟会变得过于敏感，更容易反应过度。有时，我们正做着无关紧要的事情，比如与孩子一起投篮，却不小心被投来的球砸中，回过神来时我们已经在朝着深爱的儿女大喊大叫了。在上述研究中，受试者可能并未察觉自己的感知状态已处于生存模式，却用行为表现了出来。大多数人永远意识不到自己已神经紧绷，直到一切已经太迟。他们还感到不堪重负，即将爆发。但事实上，我们能够更早意识到它。

在下一章，我们会指导你调整并清零警钟，防止长期感到紧张或出现极端警钟反应。不过，极端警钟反应有时也是必要的。有时，我们需要一股肾上腺素来赋予身心力量，以应对生命中真正危急的情况。

绿巨人和超级妈妈

1962年，斯坦·李（Stan Lee）和杰克·科比（Jack Kirby）创作了漫画《无敌浩克》（*The Incredible Hulk*）[①]，其主角布鲁斯·班纳博士暴露

---

① 美国漫威公司出品的漫画，绿巨人系列的第一本。——译者注

于强度足以致死的辐射之下。在最初的漫画里，每到日落时分，外表与性格都很保守的博士便会变身为另一个人——绿巨人。这部漫画刊载6期之后就被叫停了，但角色本身却并未就此结束。

斯坦·李称绿巨人的灵感取自《化身博士》（*Dr. Jekyll and Mr. Hyde*）与《科学怪人》（*Frankenstein*）[①]，而杰克·科比却讲述了一个故事：他曾看到一位妇女把汽车从她的孩子身上抬起来。后来，绿巨人在《惊奇故事》（*Tales to Astonish*）中再度刊载，变成了我们如今熟知的形象。在极端的情感压力下，他会从科学家变为巨大的绿色怪兽。无论这是出于恐惧还是愤怒，我们都可以肯定地打趣说，伽马射线令绿巨人对过激警钟反应产生了易感倾向。

此外，基于我们对警钟的认识，就绿巨人这一漫画角色而言，还有一个更大的问题：不管科比是真的见过这样一位母亲，还是有意利用这个故事宣传漫画，一位妇女真的能把一辆汽车举过孩子的头顶吗？汽车的平均重量在这些年里稍有变化，但总体而言重约1.8吨。一个人类真的能有绿巨人那样的力量吗？

无论何时，一旦我们自己或周围的人遭遇威胁，警钟就会引爆。在极端的警钟反应下，对于母亲而言，没有比孩子正面临生命危险更大的危机了。然而，极端警钟反应真的能使一个人举起重量是自身25倍的物体吗？

1982年，将近60岁的妇女安吉拉·卡瓦罗（Angela Cavallo），曾举起一辆1964年产的雪佛兰羚羊轿车长达5分钟，好让邻居救出她的儿子。此事件经由美联社报道，并在2006年专栏作家塞西尔·亚当斯（Cecil

① 均为描写人物变身的奇幻小说。——译者注

Adams）对卡瓦罗进行的采访中得到了证实。事件发生在她家里的行车道上，她儿子当时正躺在千斤顶下干活。他可能不慎把汽车从千斤顶上撞翻了，当安吉拉走出家门时，发现他被压在车下失去了意识。

亚当斯称：

> 安吉拉一面向邻居的孩子大声求助，一面用两手抓住汽车的边缘，用尽全身力气往上拉。美联社声称她将汽车举起了10厘米；她本人怀疑是否举起了这么高，但确实足以解除汽车的压力。她无法回忆起救援过程中的事情，但美联社说两个邻居重新放好了千斤顶并把男孩拖了出来。

她的儿子完全恢复了。问题是：举重通常是极其强壮的男人之间的保留比赛项目，一个身高约1.73米的妇女，真的能完成这样的壮举吗？

在大脑警钟影响身体的范畴内，这一可能性是存在的。故事中有一个不能忽视的关键：大脑警钟不是问题——事实上，它常常能解决问题。极端状态下的警钟能为我们或他人创造生存的可能。如果没有这样的警钟，救火队员绝不会进入燃烧的大楼。如果警钟没有提醒人们留意潜在的威胁，一个母亲也绝不能在孩子掉下椅子之前抓住他。

压力的问题在于，大多数人不知道如何调整卡在“开”状态上的大脑警钟。记住你的初始自测水平，1分代表完全无压力，10分代表极其紧张。我们往往会停留在7或8分的水平，但实际上可以轻易降低至1～3分，从而放松地专注于眼下最重要的事情。可事实恰恰相反，即使紧急情况早已过去，我们已不再需要警钟帮忙保持警觉或解决问题，却依然会用同样的紧张程度对待既不紧急也不威胁生命的事物。

应激反应的两种类型

为了意识到大脑的活跃和抑制状态，我们首先要了解警钟或应激反应在身体中引发的实际感觉。一旦大脑察觉到麻烦，警钟就会触发身体的应激系统。人类祖先会为了生存而打猎和集会，那时他们的大脑必须对接连不断的危险保持警惕。世界原本蛮荒得多，危险四处潜伏，他们的大脑长期专注于保护自身安全。

如今，我们并不会在杂货店撞见一头雄狮。不过，尽管人类已经进化，大脑仍会仔细察看各种麻烦。各种刺激不断袭来，使大脑认为我们总是处在麻烦之中，这是现代社会大多数人面对的问题。如果工作进展得不顺利，手机又在口袋里嗡嗡响起，我们就担心那是老板或其他人打电话来通知坏消息。对于大脑而言，当警钟过度活跃时，手机响起引发的感受就和看到一头饥饿的狮子差不多。记住，半夜时一封我们早已承诺发出却没发出的邮件，可能制造出不亚于看到孩子被压在车下的恐慌感。

当大脑意识到麻烦时，警钟会通过神经系统发送一种压力信号，让身体准备好保护自己。通常，应激反应包括：

- 肌肉绷紧
- 心跳加快
- 感到激动或兴奋
- 出汗
- 呼吸变重

• 颤抖

这些肢体应激反应是身体准备迎接挑战的方式。它们被叫作“战斗或逃跑”反应，并意味着调动身体的物质资源，要么回击敌人，要么逃跑躲避伤害。这些反应通常被统称为肾上腺素激增，因为此时大脑警钟示意肾上腺分泌肾上腺素，参与其他化学物质的循环。肾上腺素能使身体准备好保护自身免于潜在危险，但假如你打算放松地与家人享受晚餐，这就是你最不想要的东西。

大脑警钟还会引发另一种几乎相反的应激反应。有时当身体被肾上腺素淹没时，我们不仅没能获得超能力，反而萎靡了起来。僵硬式应激反应出现于身体神经系统猛踩“刹车”以准备应付潜在威胁时。警钟的反应就像动物保持静止以免被发现一样。这种反应毫无意义，只是大脑安保机制的古老组成部分而已。

僵硬式应激反应既不比战斗或逃跑反应更好，也不更差。与肾上腺素激增带来的激动狂躁或愤怒体验相反，我们会感到筋疲力尽，以至于无法反击或逃跑。短时间内僵硬可能是有好处的，比如有时你需要停下来打量可能存在危险的环境。但是当你无法解除僵硬时，有可能会瘫软。最终，也许你不仅按了暂停键，而且关机了。那时，你的感受更像是分崩离析——疲累得无法逃跑或反抗，即使你真的很想跑。

以上两种应激反应究竟有无好处，取决于紧急情况本身。重点是，在紧张时，身体可能出现多种形式的感受，表面看来差异很大，却有同一个根源：大脑警钟信号。当我们意识到自己处于应激反应中时，就能对此做些什么。

大师赛史上最糟的一击

罗伊·麦克罗伊（Rory McIlroy）站在13号球座边。他颓然跌倒，用手抱住了头。他本有机会创造爱尔兰人的历史，然而时机已经消逝。罗伊·麦克罗伊是世界第一梯队的高尔夫球手。2011年，高尔夫大师赛的最终轮在乔治亚州奥古斯塔市开赛，此时他拥有4杆的领先优势。

在高尔夫世界里，大师赛是人们趋之若鹜的至高无上的锦标赛。它是由高尔夫名宿鲍比·琼斯（Bobby Jones）发起的邀请制赛事。大师赛胜出者即使在高尔夫球圈外也很有名，比如泰格·伍兹（Tiger Woods）、杰克·尼克劳斯（Jack Nicklaus）、阿诺德·帕尔默（Arnold Palmer）等。那天，麦克罗伊经历了史诗级的失败，这个故事涉及大脑警钟，以及在警钟处于巨大压力下时人们感知到的或真正发生了的事。此外，故事也有一个美满的结局。

麦克罗伊在5点之前到达了锦标赛的最后9个洞口。天气状况十分理想。向10号洞开球时，他领先1杆。4点53分，在试图维持领先的压力下，本来就紧张的一日出现了灾难性的转折。他以比赛中的正常力量挥出了一击，但球却偏到一边去了，甚至超出了摄像机的拍摄范围。他的击球距离通常约为274米，这一球只飞了约91米，落在两个小屋之间。电视评论员从未见过如此疯狂的击球，尤其是来自锦标赛中领先的选手。但在如此诡谲的一击之后，他仍然处于领先位置。

可好景不长。

当警钟出现生存应激反应时，即使是顶尖运动员也无法正确地思考，并做出早已自然而然地重复了数千次的事情。多年以来，教练们总是要求选手具备积极的心态，要看起来像个赢家。可他们就是不向学生们说明，为什么有时即便是顶尖运动员也很难保持自信。

在把球打飞到平坦球道之后，麦克罗伊最终用了5杆才回到草坪。他跳过了轻击，第7杆进洞。他的第7杆已是三柏忌[①]，因此落后其他三位选手2杆。但是这只是落败的开始。

进下一个洞时，他打出了职业选手罕见的3次轻击，尽管曾有明显的小鸟球机会（低于标准杆数1杆）。接着，他在12号洞口前4次轻击，打出了双柏忌。这种错误职业选手一整年可能只会在一场比赛中犯一次。罗伊·麦克罗伊身上发生的情况是警钟失控的典型例子。他在自己赛后的新闻发布会上描述了这次崩溃。

> 前9洞时我认为自己保持得非常好。我把比赛中的领先优势保持到了后9洞中，然而却在10号洞打出了糟糕的一杆，优势从那里开始瓦解。我在10～12号洞不停失控，无法重新掌控局面。这件事令我感到很失望，这种情绪肯定会持续几天，但我最终会克服。我不得不保持积极的一面，积极心态是我领先这场比赛63个洞的原因。我还会有更多机会，我知道。今天发生的一切非常令人失望，希望我也能吸取一些教训。

比赛开始时，他感到的压力并非来自真实环境的安全威胁。他不在战场上，也没有狮子在他身后追，可是大脑却感受到了濒临绝境的巨大危险，因此他的身体做出了回应。他在高尔夫赛程中努力放松，但他是如此渴望为自己的职业生涯与国家取得胜利，并因赢得比赛而成为高尔

① 指比标准杆数多3杆。——编者注

夫史上的名家，赚取一百多万美元奖金以及数百万代言费，以至于警钟过度活跃。他勇敢地尝试保持冷静专注，但却做不到，因为他不知道如何在身体控制权被夺走时清空大脑。

当他挥出把球打到平坦球道上的一杆时，他的警钟可能已经处于6～8分的状态，大脑则在不断输送肾上腺素。他的思绪受困于“失败意味着什么”，肌肉由此变得紧绷，获胜的机会也就此远去。尽管他最终恢复正常并在最后3个洞打得很好，但由于无法控制自己的警钟，他最终只获得了并列第15名，而未能赢取梦想中的冠军称号。

一些曾经受挫于获胜压力的高尔夫球手，再也没能恢复到他们曾经的竞技水平，甚至完全退出了高尔夫舞台。但是请再次留意麦克罗伊在新闻发布会上说的话，那时距离失望还没过多久。在承认自己的沮丧之后，他说：“我还会有更多机会，我知道。”

这个年轻人几小时前还站立不稳，踉跄跌倒，完全无法控制自己的警钟，现在面对一群媒体却能如此宣称。他们本来正像秃鹫一样垂涎着，期待这位新秀在赛后发言中搞出同样引人注目的乱子。

他不再跌跌撞撞，而是重拾自信。他很冷静，已经恢复沉着，成功完成了一个同样困难的任务（高尔夫与公开发言都深受警钟反应影响），并重新回到了现实世界中。他事实上已经调好了警钟。数月之后，他又获得机会在另一场高尔夫盛事中控制自己的警钟。

全美公开赛与大师赛一样，都是每个高尔夫球手向往的4大主要锦标赛之一。麦克罗伊再次以压倒性的领先优势进入决赛。打完最后18个洞的前一晚，他在访谈中说：“由于在奥古斯塔的经历，我现在知道了如何迎接明天，并且我认为那是最重要的事情……我越是让自己处于这样的状态中，就越放松。”

他学会了在一个高尔夫选手职业生涯最紧张的时候管理警钟。麦克罗伊赢得了全美公开赛，创造了全美公开赛史上最少杆数的纪录。你也能像他一样凭直觉掌握知识——并且可能无需犯如此痛苦的错误。

你无法关掉警钟，也不会想要这么做

如果没有警钟，你就会经常迟到；你的生活会变成一团无意义的疑云，找不出最重要的核心；你永远不会在意他人。警钟要求我们留意人际关系中的真实需求，尽管大多数人的警钟反应有时会变得过激，这仍然是人类的本能。在介绍大脑的哪一部分能使你免于压力之前，你需要了解大多数人的错误，这是基础。

多数人没有学会利用压力，而是选择逃避压力。使警钟停止或麻痹的方法已传承千年，对我们而言就像压力本身那样熟悉。

- 我们否定警钟的信号，告诉自己：“没有任何问题，我只要放松就行，别再反应过度了。”
- 我们通过各种方法自我催眠，例如饮酒、服用药物、进食、购物、纵情声色、加班等，这还仅是人类最喜欢的麻痹方法中的一小部分。
- 我们因警钟产生的正常感受而责怪自己或身边的人，而警钟其实只想保证我们警觉与安全。我们说“这都是我的错”或“这都是他们的错”。

为什么不把应激反应当成机遇呢？不管是否认事实、自我催眠还是责怪他人，我们都没把警钟传递的消息当真。我们误以为警钟反应就是问题，而不去解决真正的问题。这就是为什么人们会犯下攻击信使的错误。我们只是想要让大脑警钟停止工作。

我们不能关掉警钟，也并不希望这样。没有警钟，我们便无法防范生命威胁，有可能受到严重伤害，此外，我们也无法达到最佳状态。想要以自己的方式过理想中的生活（即巅峰体验），关键在于培养引导注意力的能力。无论何时，每个人都可以学会正确地引导警钟信息，从而战胜生活中的重大挑战，使梦想成为可能。

每个人都有生存脑

在管理压力方面，所有人长久以来遇到的困难都可以总结为：这是有史以来最让人感到紧张的时代，那么我们该如何调整警钟呢？

关于工作与家庭的最新研究显示，目前，有37.8%的职业男性和14.4%的职业女性每周工作超过50小时。这意味着在地球上的每一个国家里，人们都在把过去用以休闲娱乐的数百万小时，尽数投入本身就更加紧张的工作环境中。

近期一项针对在职父母的研究发现，相对于父亲而言，在职母亲每周多花费10.5小时同时处理多种家庭事务。以色列巴伊兰大学和美国密歇根州立大学的研究者调查了368位母亲和241位父亲，发现了一个奇妙的现象：母亲认为多任务处理颇具压力，而父亲则声称那非常有价值。

为什么呢？与父亲相比，母亲的警钟经历了什么？这种差异可能并不是性别不同造成的，而是由于母亲倾向于承担更重要的家族和家庭责任。父亲们报告的多任务处理的紧张程度可能比实际要低——他们轻视或无视警钟信号，因为他们最不想在家里感受到的就是更多的压力。对于现代工作和家庭生活，我们能肯定的一点是，所有人都变得更繁忙，更频繁地同时处理多项任务，从而更易激起更活跃的应激反应。

各个领域的学者都在试图找出超负荷工作的影响，因为大多数人都长期关注过多事物，并期望自己的身体和大脑能承受这些压力。显而易见的是，我们能应付惊人的压力，直到无能为力为止，这是客观事实。如今，似乎全世界每个人都长期处于应激反应状态中。

2008年开始的金融危机使全球陷入高度紧张状态。因为担心蒙受更多损失，银行不再向符合过去要求的客户发放贷款。这是一种大规模的应激反应：银行家和全世界的金融系统都进入了生存模式，他们的大脑警钟被过去10年近乎灾难性的糟糕状况所强化。银行乃至世界各国都处于金融违约的边缘，在银行家（和政客）的大脑中，紧张的生存反应无可避免地产生并长期持续下去了。

由此，本已不稳定的局面进一步恶化。在生存反应下，银行不再为潜在业主提供购买房屋所需的资金，现房主无法出售房屋，从而丧失了抵押赎回权。当银行无法贷款给需要资金雇佣和维持劳动力的企业家时，失业情况便难以好转。这不是钱的问题，问题在于整个金融系统都处于危机之中，只因没有多少人知道如何辨别、了解和处理脑中的极端应激反应。

那么当压力致使生活脱轨时，我们要怎么做呢？答案是解放我们的大脑。关于警钟的最佳消息就是，感知到危险并取得控制权时，大脑拥有调整警钟、真正清空压力反应的巨大内在潜力。生存脑是保持警觉与安全的有力武器。同时，我们还拥有另一个更为强大的工具，能使现代生活的每分每秒都轻松很多。那就是冷静和自信的来源：学习脑。

2

学习脑

第1章帮助你衡量了自己感受到的压力水平。我们希望你能了解，当大脑警钟被激活以确保警觉与安全时，你会有怎样的感受。现在，再次想象你正处于低压状态：你正坐在长椅上安静地阅读，或是享用美味的咖啡。

以1～10分衡量另一个维度，1分表示你脑中极度混乱，行事不加思索，已对生活完全失去了控制，而10分表示你能完全理清生活重点，彻底掌控着自己的生活。当前，你给自己的自控水平打几分呢？

除了警钟的应激反应之外，你还可以衡量大脑产生的自控感。紧张的反面并不是完全放松或沉睡，而是一切都在掌控之中的主动感。自控可表现为冷静愉悦、充满活力。这正是你沉浸于喜爱的事物时会获得的感觉。然而，自控又不仅是一种感觉，而是非常具体的能力。

有自控力的人能清晰地思考，从而充分利用当前发生的一切情况。自控力与力量、财富或社会知名度无关。真正掌控自己生活的人，也并不能随心所欲地决定身边事物的存在与否或运行方式，不过他们的思考方式足以有效应对生活中的任何意外。那么，目前你自我控制与清晰思考的能力处在什么水平呢？

由于我们已为你预设了低压的情境，而且你正在阅读（通常来说是低压行为），此刻你可能感到自控水平较高，也许能打6或7分，甚至是10分。你决定享受本书，而且正在学习，所以现在思路相当清晰。而10分意味着你能完全透彻地进行思考，这种情况是罕见的，不过如果你目前的注意力足够集中，这并非无法实现。

然而，当令人震惊、沮丧或痛苦的事情发生时，所有人都容易紧张。随着压力出现，我们常常感到过于混乱、情绪激动或麻木（记住，这些都是正常的应激反应），以至于很难清晰地思考。我们反复在心中否定现状，不断念叨自己的沮丧或担忧，这同样来自大脑的警钟。一旦大脑警钟被触发，我们展开清晰思考的能力便会下降，自控感也会随之降低。

> 无论平时你有多么英明神武，只要处于强烈的应激反应之中，自控感就可能急剧下降，而原因正是你无法清晰地思考。

这一知识并不新鲜，不过大多数人尚不了解的是，感到紧张并不意味着我们有什么毛病。失控感几乎总是由无法清晰地思考造成的，而不是因为更深层、更严重的问题。然而，感到失控时，我们有可能变得愤怒、惊恐、冲动甚至是绝望。这才是真正的难题：无助感会使大脑的警钟系统过度反应，从而引起行为失控。

这也很好理解。在高度紧张的状态下，大脑警钟会接管思考中枢。不夸张地说，在生存模式下，警钟系统劫持了大脑，进而压制了你进行清晰思考和选择人生道路的能力。不过，警钟这么做是为了保护你的生命，而不是折磨伤害你。同时，它也需要大脑其他部位的帮助，以免适得其反，造成更多的问题。

如何安抚你内心的 2 岁小孩

有个形象的比喻能使你更深刻地认识到压力管理的难度：大脑警钟就像一个缺乏安全感的2岁儿童。

警钟对学习毫无兴趣。它只有一项使命：确保你警觉、清醒并存活。其他任何事情（例如享受生活，建立良性人际关系，达成人生目标）对它都毫无意义。它不能理解逻辑，因此你也无法与它理论或争辩。最无关紧要的事情都能让它发作，如果感到紧张，它可能小题大做很久。使你的大脑从生存模式中冷静下来的唯一方法，就是给它它想要的东西。

我们可能以为，一个2岁的儿童只想玩游戏和吃甜食。然而实际上，孩子们最想要的是：在需要关心时，能得到成年人（比如父母）的关注，从而获得安全感。在大多数情况下，2岁儿童希望独自做他们最感兴趣的事情。然而，在感到不安时，他们需要知道家长能立刻做出反应，毫不耽搁地倾注全副身心提供安全感。要帮助2岁儿童从极度沮丧中恢复平静，你应当冷静地与他们沟通，保证你会帮助他们取得他们想要的东西，因此一切都会好转。

我们需要向自己证明：我们知道如何应对挑战，一切真的会好起来，这样大脑警钟才能不再深陷生存模式，转而恢复冷静，专注于真正重要的事情。这才是压力管理的真正挑战——面对既看不到，也无法对话的某个大脑部位，你该如何做才能安抚它，使它消除疑虑并恢复原状？

在进行压力管理时，大多数人采取的措施实际上激化了警钟系统。我们把所有时间都花费在确定、预防与纠正各种问题上（从微不足道的困难到威胁生命的危机）。我们一直处于生存模式中，因为我们受到的教育总是要求我们争取领先、获得成功。然而，这样的努力导致了压力。告诉自己“放松”，往往并不能奏效，因为这道指示向警钟系统表明真的发生了值得紧张的事情。当我们对自己说“克服这个难关”“别垂头丧气”或“别担心”时，警钟只会响得更大声，因为这样做实际上是在告诉警钟我们处理不了面前的应激源。

只有一种方法能使警钟停止输送引起压力的化学物质，即把身体控制权还给学习脑，也就是让它知道我们是安全的，我们能应对任何危机或困难，即使无法完全解决。我们越是对自己强调“别再抱怨了”，警钟越是感到我们处于真正的危险中。如果我们告诉自己“该长大了”，警钟立刻会调高应激程度。

警钟系统无法将真正的危机与感受到的危机区分开来。你不能对一个莫名大哭的学步幼童说：“别哭了”。正确的做法是让他将注意力转向最喜欢的玩具，或是把他抱起来。如果一段经历曾使我们紧张，仅仅告诉自己事情已经好转了是不足以让警钟相信危机已经结束了的。还得让学习脑把注意力集中到一段美好的经历上，这段经历得比一切使你紧张的经历更美好才行。

大脑的生存模式旨在保护你，但它也可能加速失控，所以我们希望你能试着认识自己经常感到紧张的原因。你也已经体会过很多次失控感，甚至多次感到生活充满了压力。你的大脑中已经建立起了恢复冷静、清晰思考的通路。大脑不仅能使你生存下去，还能帮助你探索世界、持续学习。

学习脑的两大关键部位

我们都能清晰地思考，这要归功于学习脑。学习脑，是所谓的“理性思想”的生理来源，由前额叶皮质（prefrontal cortex）和海马（hippocampus）两部分组合而成。

前额叶皮质是大脑的思考中枢，位于大脑外层最接近头骨的地方，就在额头后面。它负责将我们的所有感受、认知以及感觉解读为理性的思想，具有把各种五官感受和情感体验转化为语言的能力。

前额叶皮质之所以被称为大脑的思考中枢，是因为它能吸收我们的生活经历并将其转换成知识。并且，这不是普通的知识，也不单是形成一种身体活动的习惯或方式（例如驾驶车辆、演奏乐器或精于某项运动）。那些知识虽然重要，但并不能使生活变得更加有趣。除了我们的习惯和所依赖的技能之外，真正为生命赋予价值的是一种能力，通过这种能力我们能了解一切行为、能力及经历是如何凝聚成某种超越单个天赋和成就的事物的。

思考中枢的独有能力，是思考生命的意义。它帮助我们选出最重要的事情。这看起来是种难得的享受，但根据朱利安和同事对于极端心理创伤患者的研究，专注于最重要的事情对所有人来说都很必要。

我们都曾无数次自问：我为什么在做这件事？这有什么意义？随后我们误认为这只是个傻问题，一种愚蠢的发呆方式。事实上，只要我们没有处于生存模式下、被警钟控制身体，意义就是大脑永远在考虑的问题。

当思考中枢在工作时，你是能感受到的。你意识到，不知为何，你目前在做的事情是完全值得的。你可能并未有意识地思考某个严肃问题或需求，但仍然有种感觉：现在发生的一切很重要。这件事感觉很重要，是因为你正遵循自己的信仰全力以赴。这可能是清洁房屋那样简单的小事，也可能是诸如围绕人生目标促膝长谈的大事。

当你专注于某些真正重要的事情时，你的行为就不再局限于解决具体问题或表达思想，而是激活了思考中枢：你正在开发大脑的一项重要潜能。当前额叶皮质有效运转时，它能告诉你的警钟一切都在掌控之中。思考中枢发出了肯定的信号，指出你能认识并了解如何处理使警钟担忧或沮丧的源头，从而安抚了你内心的小孩。很少有人知道，为了管理压力，我们需要培养有意识地专注于关键事物的能力。

为了安抚警钟，我们还需要调动其他同样至关重要的大脑部位。海马是大脑的记忆归档与检索中枢（简而言之就是记忆中枢），位于大脑中更深的位置——就在杏仁核（也就是警钟）旁边。海马就像大脑的图书管理员，存储可作为记忆的每一段经历。

整个大脑就是一个记忆的仓库，记忆中枢负责把每段记忆收集并存放在大脑中（通常还伴随警钟的协助，尤其在记忆带有强烈情绪负荷时），就像是决定把书本归档在书架某个地方的图书管理员。有些记忆就像畅销书，会被放在易于找到的地方，而有些很少使用的信息则被埋藏在脑海深处。

记忆有多种形式，包括各种维护自我安全的信息，如感觉、思想、所见的图像、以往的行为及外界情况的视觉回放、听到的声音，甚至是潜意识。有些记忆复杂而井井有条，像是书本或影视故事；有些记忆则是简单的碎片，像是阁楼上盒子里收藏的散乱纪念品。

这是一个巨大而复杂的系统，但是领会大脑的运作方式是很重要的，这样才能利用大脑的能力透彻思考，处理应激反应。当海马检索一段记忆时，它可能会得出各种记忆组成的复杂结果。它通常不会得出一条"我去了商店，买了些牛奶"这样简单的执行总结。相反，海马会得出对所有已发生事件的详尽描述，包括当时的所感所想，留下深刻印象的所见所闻，和后来回忆起这段往事时的所感所想。

仔细审视大脑的不同部位是如何搜索与处理记忆的，是一种复杂而精妙的过程。思考中枢不再是大脑中唯一提出记忆需求的部位。警钟同样需要我们的记忆；然而，由于其相对不成熟且感性的本性，这些需要通常更像是要求或命令。对于同一件事，思考中枢可能会说"我希望回想起过去经历中学到的知识，以帮助我在当下做出更好的决策"，而警钟则可能会尖叫："我要尽可能想起所有糟糕的经历，以帮助我挺过眼前的事情，立刻，马上！"

当思考中枢需要一段回忆时，记忆中枢可以从容仔细地搜索，找出最有用的信息。我们能很快地想起某段回忆，但这往往没必要。思考中枢的工作没有最后期限，因为它是在努力学习，而不是解决紧急问题。

然而，当警钟要求提取一段回忆时，记忆中枢的反应往往类似于承受着巨大压力的人：陷入恐慌，急于抓住能找到的第一段记忆，即使那段记忆不正确。这就是为什么在承受极大压力时（或虽然问题不严重但依然极度紧张时），我们往往感到情绪混乱、不知所措、思维杂乱无章而且缺乏效率。

当海马有效运作时，我们可以轻松地精确检索其归档的新记忆，也确实能高效地找到正确的记忆——就像是使用简单的搜索功能，从一台电脑的系统文件夹中找出正确的文件。我们平时需要的记忆被归档至“日常生活”文件夹中，而只是偶尔需要的记忆则归入“百年不遇”文件夹中。每个目录中最容易归档和检索的，都是附带强烈情感的记忆。最近的研究表明，这可能是因为，这类记忆是由杏仁核（负责处理情感）和海马（负责处理实际问题）一起归档的。

然而杏仁核失控时，在极端的创伤性应激源或持续压力的影响下，海马将很快过载并崩溃。一点不夸张地说，警钟能使我们把记忆归错档。本应归为“百年不遇”的一段可怕创伤（比如受到身体虐待或差点迎面被车撞死），可能被归类为时时刻刻都会发生的事情。这是PTSD患者的一大问题。在混乱和迷惑中，记忆被自动归档为我们日常所需的信息（例如怎么刷牙），尽管它们其实属于记忆中枢中只偶尔用到的部分。

例如，我们妥善处理了一个不可能完全解决的问题（比如复杂的家庭争吵），而大脑却可能将这段记忆误认作警钟反应的成果。警钟将这段经历视为一场灾难或是彻底的失败。以后面临类似的挑战时，记忆中枢检索到的感觉混合着焦虑、沮丧、抑郁，还常常伴随自我怀疑，却无法想起自己如何恰当应对了当时的艰难处境。当回忆起被错误归档的记忆时，警钟反应甚至会加重，令我们感到压力永远不会好转。压力在这样的大脑中持续升级，产生彻底失控的感觉。

有研究调查了曾经遭遇过创伤应激事件的PTSD患者，结果显示，回忆起创伤事件能令大脑警钟过度活跃。与此同时，思考中枢与记忆中枢似乎停止了工作。警钟大声呼喊，要求得到关注和帮助，然而越是这么做，记忆中枢的情况就越糟糕，它开始检索痛苦回忆，而不是有用的信息。随着警钟的高声尖叫和记忆的沉痛影响，思考中枢变得无法运转。

幸运的是，大多数人的警钟反应并不总是如此极端的，他们也未患上PTSD。但即使是从未受过创伤的人，也可能遭遇同样严重的警钟崩溃。所有人的警钟都可能进入恐慌或狂怒阶段，而大多数人不知道怎么利用思考中枢，将注意力定期集中到警钟身上，使警钟发出的信息有价值。

有个你从未听说的好消息（甚至可能是最好的消息）——我们完全可以利用前额叶皮质，帮助海马以一种比平常困难得多的方式择取记忆，从而令思路更清晰。清晰的思考可以使警钟清零，降低活跃度。从而使我们摆脱虚假无益的危机感，认识到自己可以重获冷静自控，这是每个人在紧张时都希望做到的事。

大多数人无法自然而然地做到这一点，但我们可以通过高度专注地使用思考与记忆中枢，来调整自己的应激反应。要是可以将思考中枢的注意力聚焦到如何应对当前局面上，即使确实面临危险，记忆中枢也能调取出有用的回忆。掌握集中注意力的方法，调整警钟并最终清零警钟，这才是自信心的来源。其实，你已经凭直觉做到过这件事，因此才有了过去人生中那些棒极了的成功经历。

怯场

从19岁起，伍迪·艾伦（Woody Allen）开始给《埃德·沙利文秀》（*The Ed Sullivan Show*）、《今夜秀》（*The Tonight Show*）等电视节目写喜剧剧本。不过，1961年，艾伦的经纪人杰克·罗林斯（Jack Rollins）和查尔斯·乔夫（Charles Joffe）认定他可以上台表演。艾伦认为自己是编剧，但杰克·罗林斯说服了他尝试脱口秀。艾伦记得罗林斯说："帮我个忙吧，相信我。你只管工作，不要思考。由我来思考。照我跟你说的做，我们先试一年，再看看你进展如何。"

整整一年他都很失败。他的段子很有趣，形象（一个戴着厚镜片、措辞谨慎理性的小个子）也博得了少量笑声，问题主要是观众不理解他的风格。罗林斯始终告诉朋友和同事艾伦是"独一无二的"，他一个人就是一个"产业"。艾伦过得很糟。他本性羞涩，要有人逼迫才会上台。他在表演前会紧张到呕吐。

怯场是完全正常的，而考虑到大脑警钟的影响，这也很好理解。面对一群人说话、唱歌或跳舞，对表演者来说需要冒着极大风险。劳伦斯·奥利弗（Laurence Olivier）在年轻时渴望表演，但是随着年龄渐长，他也开始像艾伦一样反感聚光灯。著名的流行摇滚歌手洛·史都华（Rod Stewart）已经卖出了逾一百万张专辑，可有一回，他躲在扬声器后面唱了一整首歌。1967年，芭芭拉·史翠珊（Barbra Streisand）在中央公园举办演唱会时，忘掉了整首歌的歌词，此后的30余年她再未举办过演唱会。艾伦具有的应激反应，也多多少少困扰着其他表演者。

随后有天晚上，情况发生了变化。艾伦走上舞台，完成了相同的例行程序，整个人却焕然一新了。他的朋友看到了如今众多电视、电影中的伍迪·艾伦。他反应敏捷，充满活力，沉浸于自己的笑话中，乐此不疲。他只考虑如何得到对自己而言最有趣的反应，而不是怎么做才不会令观众讨厌。他在纽约格林尼治村的"痛苦的结局"（The Bitter End）夜总会演出了6个星期，当时招致了评论家的愤怒抨击，可到了1962年这又大幅抬升了他在脱口秀界的地位。

那么到底发生了什么？一个温顺多虑、无法忍受聚光灯的编剧，怎么突然就能在一群挑剔的纽约人面前展现最好的自己了？答案很简单：伍迪·艾伦的大脑从生存模式切换到了学习模式。他从一个害羞谨慎、恐惧失败的表演者，变为了一个充满自信、想方设法逗人笑的喜剧演员。这种转换并非难以实现，也没什么神秘之处。你没必要像芭芭拉·史翠珊那样逃避30多年。同伴的推动的确有作用，但是每个人都可以像伍迪·艾伦那样转变。

抛弃“不得不做”的事情

当大脑警钟这一古老系统陷入生存模式时，如何才能把它清零呢？首先，你要摆脱“不得不做”的事情。大多数人每天都将太多时间消耗在各种无关紧要的小事上，为其沮丧、紧张或担忧。注意，这并不是说你的思考必须保持积极可靠，也不是要求你努力搞清现状的所有细节，想出全面的解决方案或行动计划，更不是指只需深呼吸放松就可以解决问题。

以上方法都无助于激活思考中枢，安抚并调整大脑警钟。积极思考、冷静深呼吸和放松都是警钟需求获得满足后的结果，而不能满足警钟的需求或愿望。当警钟得到想要的注意时，便会恢复冷静，你也就能完成自己要做的事情了。你知道，这种情况下，你会感到身体放松，紧张缓解，又能清晰地思考了。

你可能不太了解，感受好转的原因并不是你做了几次深呼吸、保持思维积极，或解决了某个问题，而是你选择让学习脑留意警钟。由此，你才能深呼吸并享受手边的事务；由此，你才能感到乐观，从而保持积极的心态；由此，你才能重获清晰的思绪，从而解决问题。

我们都容易搞错顺序。我们以为自己应该先放松并解决问题，然后压力才会减轻。但是真相是，首先我们要留意警钟的需求，然后才能放松并解决问题。

在绝大多数时候，人们遗漏了必要的步骤。一定要停止这种思维模式与生活方式。你没有义务让所有人开心。你没有必要解决工作中的每一个问题。你并不是非把子女培养成下一任总统或超级巨星不可。

记住，大脑警钟的产生目的是在必要时保护我们的生命，但是如果紧张程度还没到9或10分的红色警告区，警钟更擅长的是保持大脑警觉清醒。维持低压力水平的关键是清零警钟，这样它才可以履行自己的职责，令我们保持专注，而不是越发紧张痛苦。

认识大脑警钟是解决问题的钥匙。要清零警钟，你需要做的是关注它，而不能试图躲避或无视它。

才艺表演会

从警钟高度活跃甚至过度活跃到专注思考、冷静自信之间的转变，宛若从梦中醒来。当玛丽·贝斯前来咨询时，她的愿望只是在学校的才艺表演会上唱歌。15岁的她唱得不错；偶尔在家里唱歌时，祖父母和朋友也称“她的嗓音如同天籁”。她上声乐课，自小学起就是校合唱团成员。她观看《美国偶像》（*American Idol*）之类的表演节目，在镜子前对着想象的观众练习。

不过，小玛丽前来寻求帮助并不是为了参加电视节目的试镜。她的学校每年会举办一场才艺表演会，她只想参与甄选，却不相信自己能做到。一想到要站在前辈和许多教师面前，她就紧张得动弹不得，脸红得像草莓，连一个音符都发不出来。在我们的帮助下，她学会了压力管理的第一个技巧（将在本书第二部分介绍），之后就放松下来了。虽然警钟更加活跃，紧张感也没有消失，但她的自控力有所增强了。

我们让她在父母面前练习。随后，我们要求她再找来几个朋友。短短几周内，她就可以在一次小活动中动情歌唱，不过这还不是学校才艺表演会。在第一个疗程中，我们从不谈论玛丽·贝斯对于表演的恐惧，而是讨论她想在哪里唱歌，以及如何帮助其他孩子克服恐惧。甄选的几天前，当问到她在想什么时，她说："我还是很紧张，但是现在我知道那不是坏事。"

然后就到了甄选当日，天下着雪。学校停课了，那天早晨她哭着打来电话。她几乎说不出话。当我们问她出什么事了时，她说："没什么。"整理好情绪之后，她又说："我哭是因为我太开心了！昨晚我紧张极了。尽管我以为自己已经好多了，也做了所有我们谈过的事情，但胃里还是十分难受。我几乎没睡着。然后，当学校停课时，这些感受都消失了。我必须打电话给你们，因为如今我意识到自己的紧张毫无缘由。紧张不能阻止我，现在我知道自己能够继续尝试唱歌。无论这场甄选发生了什么，我都能再次尝试。"

极端应激反应和普通应激反应

那么，是不是只要留心警钟传达的消息，大脑就会调低应激反应呢？

训练思考中枢，使其关注警钟信号，永远是你清空杏仁核的第一步。但是降低压力水平对所有人都是一个学习的过程。如果你正承受极端应激反应，或是已遭受严重压力的折磨长达数年甚至终生，那么你需要给自己空间，保持耐心，有意识地激活大脑的学习模式。

因此，我们希望区分两种不同的应激反应。经历极端应激反应之后，你无法立即使大脑恢复到最佳状态。在极端应激反应下，警钟会掌控身体并压制学习脑。极端应激反应可能源自引发PTSD的创伤事件，也可能是长期慢性压力的恶果。另一方面，处于慢性应激反应中时，大脑警钟会过度迅速、频繁、强烈地发出信号，使人难以有效应对并保持思路清晰。

极端压力最常出现在从战场归来的军人身上。科学家、军人家属及亲友普遍发现，如果人们目睹过战争最残酷的一面后再回到家乡，往往会觉得家庭生活的琐碎压力比战斗中的生死存亡更难应对。

这一现象有两个成因。首先，在战场上，军人们会训练自己忽视大脑警钟的信号，除非它确实预示着急迫的生命危险。其次，在日常生活中，虽然与战场上相比，导致压力的普通问题没那么危险，但却更难解决。在战场上，当有人行为失常时，军人们需要迅速有力地做出反应，而当有人粗鲁地在你前面插队时，你可能难以决定如何回应，尽管两种情形都会引起类似的警钟反应。

老兵的另一个常见问题是驾驶。想象一下美国马萨诸塞州波士顿市那糟糕的交通情况。查尔斯河将波士顿市与剑桥市分隔开，随河流延伸的是一条叫作斯特罗街的道路。通勤的人们大多途经这条路，司机和旅客也经由这里穿梭于餐厅、办公楼、波士顿市的历史名胜以及剑桥市的哈佛大学和麻省理工学院之间。这条路上最常见的车辆之一是白色面包车，而伊拉克和阿富汗的自杀式炸弹袭击者也最常用这种车。

忽然，一辆白色面包车挡在了老兵和他妻子的前面。老兵咆哮起来："注意点！"并开始流汗。他抓住门把手，靠紧座位。那一瞬间，大脑以为他就要被炸飞了，就像在海外亲眼看见朋友遭受的那样。他什么也不能做。这辆卡车可能载着花或蛋糕，可是他不能再像战时那样，逼停面包车进行调查。司机可能正在讲电话，或只是没注意，但老兵却将其视为个人威胁，而过度活跃的警钟意味着，在接下来的一整夜里，他可能都无法冷静。

我们都知道交通状况是如何轻易激活警钟的。但是对于大多数人而言，这属于普通应激反应。普通应激反应发生于警钟和思考记忆中枢协作时。学习脑会认识到所谓威胁的真相——交通状况不会置我们于危险之中，而肾上腺素引发的冲动也自然消散了。学习脑能从记忆中枢中调取你被挡路后安全到达目的地的类似回忆，也能找到在路途中受到惊吓时你个人曾经采用的方法。

处于普通应激反应下的人依然可能由于被挡路而大吃一惊。这种反应是有好处的，能让你放慢脚步，检查周围的交通情况，确保自己的安全。应激反应帮助你留意自己的警钟，集中精神，从而迅速恢复正常状态。在这整个过程中，你通常不需要思考，只是感到自己的紧张程度先升后降。处于普通应激反应时，你也有必要意识到全身的肾上腺素确实在消退。即使你知道一切安好，可能也需要几分钟才能再次放松下来。不过，极端应激反应和普通应激反应之间的关键区别在于，在普通应激反应下，大脑在学习，而不是努力生存。

学习脑的标志

我们已经知道，学习脑是可控的，它能将警钟维持在与当前行为相适应的活跃水平上，此时我们才能做到：

- 三思而后行
- 无论放松还是紧张，都保持思路清晰
- 乐于迎接挑战，并最终实现成长
- 无需寻求刺激，品味宁静一刻
- 反思自己想从一段经历中获得什么
- 享受与亲友的温和交谈
- 建设性地解决问题
- 毫无负担地快速响应紧急需求
- 专心练习一项技能里的所有步骤，直到习惯成自然
- 吸收课堂或书本中的关键信息
- 倾听他人观点时，怀着好奇和尊重
- 将担忧转化为有益于每个人的行动
- 认识到事实与推论之间的区别

这可能是你在某些时候（甚至是绝大多数时候）的写照。所有人在一生中都会无数次使用学习脑。但是有时，我们试图着手进行最重要的事情，警钟却在碍事。

那么当我们在学习时，大脑有什么不同呢？冷静与自信是从何而

来的?

多数人认为，冷静自信的人只是擅长放松自己，或是自尊心强。这两者都可能是天赋。有些人的身体常常可以本能地清零警钟。但是更可能的情况是，在冷静下来的那一刻，那个看似能掌控一切的人早已学会了在高度紧张的状态下清晰地思考。就算是外表自信的人，也需要有意识地努力挖掘大脑的潜能，以专注于达成自己的目标。

而那些看上去生来就冷静自信的人，也不是总能控制住自己。每个人都有表现出愤怒、冲动或害怕的时候。只不过，那个自控到让人羡慕的人可能没有在我们面前崩溃。能使你思想集中的方法有许多，但它们都有一个共性，就是不再纠缠于错误的、“不得不做”的事情，而是专注于思考真正要紧的事物。每个冷静自信的人都知道如何让思考中枢履行它的职责。

像社区组织一样清晰地思考

正如我们作为个人能使用学习脑来调整警钟一样，社区组织也可以帮助儿童从幼年开始掌握减轻压力与挖掘自控力的方法，即使环境相当恶劣。我们曾在芝加哥洪堡公园、纽约南布朗克斯区等地的社区中，开展过关怀犯罪青少年的儿童福利项目，并向遭受过虐待、目击暴力事件等严重创伤的孩子伸出了援手。

孩子是世界的未来，而缺乏安全感是他们面临的最大危机之一。孩子们的警钟总是受到不断的刺激，例如媒体播放的暴力图片、缺乏保障的经济、幼年时期面临的校园压力、危险的居住环境等。在儿童需要培养清晰专注的思维能力时，这些因素危害了学习脑的发育。

不论是在发展中国家还是发达国家，弱小儿童都需要安全的环境和人际关系，以发挥人类的各种思维潜能。如果儿童长期精神紧张，学习清晰地思考就会很费力。而哈莱姆儿童地带（HCZ）项目则是抗击城市贫困的一大成功典范。HCZ 帮忙创建了一个能供年轻人培养出学习脑，克服最严峻的压力的环境。

19 世纪 80 和 90 年代，纽约市哈莱姆区的问题可以用一个词来形容：崩溃。到底是毒品导致了贫困，还是贫困引发了吸毒文化？这是个“先有鸡，还是先有蛋”的争论。但是无法否认的是，光天化日下的毒品交易、分崩离析的家庭、高失业率以及警钟大作的绝望人群所产生的暴力行为等状况意味着孩子无法学习。学校环境已经不佳，加之文化瓦解，整整一代儿童都受到了威胁。

随后，19 世纪 90 年代早期，某一街区开始了一项实验。实验的主要策略是：从儿童教育初始阶段就为学生提供医疗保健、暴力预防、社会服务、小教室和额外学习时间。接着实验扩展到了 24 个街区。

孩子在尚未出生时就获得了学习机会。HCZ 为未来的父母提供婴儿课程，因此母亲可以为孩子出生后的学习做好准备。幼儿园全天开放，这样双职工父母的子女就不必孤单无助地待在家里。学校聘请训练有素的助教作为调停人，随时准备协助解决纠纷，使孩子们保持注意力集中。此外实验还提供升学咨询、SAT 预科以及就业咨询，以推动青少年进一步深造。

如今，HCZ 项目覆盖哈莱姆地区的 97 个街区，共帮助了 17 000 名儿童，它的目标很明确：让每个孩子读大学。2011 年，HCZ 课后项目参与者有九成进入了大学。孩子们如果能从小开始学习管理警钟，并获得能使大脑专注于学习的环境，就会知道如何集中注意力思考了。只要拥有外部支持，并树立了进入大学等目标，压力即使妨碍了发展，也无法阻止孩子们达成自己和家人的最终梦想。

任何组织、社区或国家要取得成功，都必须创造适当的环境，鼓励并容许成员超越生存需求，基于核心价值观行动。儿童辍学、经济低迷、国家沉湎政治军事冲突数年甚至数十年等问题的根源在于他们不懂得运用专注力激活学习脑，并平衡受警钟驱使的生存需求。

HCZ将整个社区的注意力从生存转移到了学习上，这并不意味着该组织的手段及其在使命方面的坚持未引起争议，也不代表该社区内外未曾传来批评声。HCZ的意义在于，争议的内容改变了。人们不再基于警钟讨论安全和生存问题，而是关注如何让每个孩子生活得充实而有价值。

脱离生存模式

我们可能聪明优秀，看上去很成功，可能拥有世界上最棒的人际关系，然而多数时候，我们可能仍被困在生存模式中，只是没注意到这一点而已。我们以为自己很放松，可实际上大脑仍然高度警惕，到处探查威胁。在这样的状态下，大脑会指示身体分泌应激物质以保持警觉，使我们感到紧张、沮丧或抑郁。

这怎么可能呢？博学的专家、能干的父母以及我们崇拜的人实际上都长期紧绷着精神？问题不在于他们自身性格软弱或有缺陷。这是人类共有的困境。每个人都拥有大脑警钟，如果我们不知道如何识别和处理警钟信号，就会永远保持紧张。要解决这个问题，用不着高深的知识或脑科学。如果警钟仅仅是想让我们专心起来，那么要解决持续已久的压力，我们只需关注警钟，了解它传递的信息。

不过，这里还有个陷阱。多数人认为，如果警钟产生应激反应，并困住了人的思想，人就会开始关注重要的事；我们的观点则不太一样，我们认为应使大脑专注于学习，从而集中注意力，这样才能满足警钟，令它调整自己的反应。

没完没了、令人难忍的压力并不是警钟过度活跃导致的，警钟过度活跃是大脑学习状态不良的结果。可惜很少有人懂得优化自己的大脑。

3

我们的目标：将大脑培养出最优状态

每个人的大脑都有能力集中注意力，专注于此刻最重要的事情。即使是受困于注意力缺陷和学习障碍的人，也能想出办法将注意力集中于真正该在意的事物上。除非人们遭受了严重的脑损伤，或患有阿尔茨海默病等损害脑部的疾病，否则应激反应不会停止。事实上，即便遇上了这样的悲剧，我们也有方法集中精神。应激反应的出现，是由于我们没有充分挖掘大脑惊人的潜能，尽可能优化它在生存模式与学习模式之间的切换过程。

为了学会集中注意力，首先需要留心压力。只要想想压力，即可激活大脑的学习模式（但不要试图应对或消除压力）。无视压力只会激化它，而你也错失了调动思考中枢、促使警钟冷静下来的机会。

那么，让我们再次练习。

用1～10分衡量你的紧张程度，10分代表你刚经历了一场灾难性的事故，而1分代表完全冷静的状态。我们认为你的得分会较低，因为你正从现实生活中抽身出来，沉浸于大脑相关知识的学习中。

现在再用1～10分衡量你的自控水平，10分代表思路完全清晰，而

1分代表脑中一片混乱。我们认为，由于你正思考如何运用书中的知识让自己生活得更幸福，所以得分可能高达6～8分，甚至更高。

如果你的紧张程度得分较低，而自控水平得分高，原因也很简单：你选择了集中精力，学习大脑真正的运作方式。正如影片《绿野仙踪》（*Wizard of Oz*）中，桃乐茜躲在窗帘后面发现了奥兹国的巫师一样，你正在发现警钟、记忆中枢以及思考中枢之间的联系。通过调动学习脑，你大幅优化了与警钟之间的联系。

不过，如果你在学习过程中感到了一些压力，那也是正常的。学习美妙迷人，甚至激动人心。当学习脑专注于要事时，兴奋程度会随之提高。你在意的是手中的事情，因此警钟会帮助你保持精力充沛。警钟不希望你的思绪涣散，它需要你集中精神，吸收知识。

虽然听起来很矛盾，但事实上，压力也可以带来好处。警钟希望学习脑准备好掌控身体，这样它才能放松清零。你也需要生存脑产生应激反应，从而唤醒学习脑，保持或恢复专注。

只有全神贯注地学习才能最大限度地优化大脑并解除压力。当我们学习时，思考中枢会与警钟对话："我正在努力弄明白这里真正重要的事情，并且已开始应对。"这条讯息能使警钟了解，一切确已得到控制。

大脑崩溃并不是由于极端应激反应，而是由于运转故障。如果警钟接管身体并发出信号，我们就应当再次着手确定哪些事情是重要的。

最优大脑

我们应当尽可能优化生存脑的警钟与学习脑的思考记忆中枢之间

的联系，这不仅是减轻压力的关键，更是利用大脑实现真正人生目标的关键。

为了充分完善大脑的工作方式，我们首先需理解它的组织结构。

亚伯拉罕 · 马斯洛（Abraham Maslow）发现，人类的需求是有层次的——我们首先需要拥有某些基本必需品（如食物和庇护所），然后才能追求更高层次的需求（如爱情和社会和谐）。与之相似，我们的大脑也有层次结构。

大脑由三大基础层次组成。第一层是连接身体与生存脑的桥梁，位于大脑的最底端（就是字面意义上的最底端，从脊髓与头骨的连接处开始，延伸至大脑的中下部），被研究者称为爬行动物脑（reptile brain）。爬行动物的大脑就只包含这个区域，而不具有人类大脑的其他两个较高的层次。

爬行动物脑是生命支持系统，负责确保身体获得足够的氧气、食物和水，以维持生命。当我们进行走路、对话、睡眠、进食、性交等一切肢体运动时，爬行动物脑会发出化学信号（激素）和脑电信号（通过神经系统），激活并协调身体。爬行动物脑像机器人一样自动运行，无需做出思考或选择。它的目的不是保护我们免于危险，而只是保持基础生理功能完好无损。

第二层深藏于大脑中部，位于爬行动物脑的正上方。科学家将这一区域形容为古哺乳动物脑（paleomammalian brain），因为所有的哺乳动物（从最原始的树鼩到最高等物种——人类）都拥有这项额外的功能。古哺乳动物脑也被称为情感脑，它包括警钟、反馈中枢以及其他几个能赋予人类基本情感的临近区域，例如恐惧、愤怒、快乐、满足等。

情感脑有两项职责。首先，情感脑包括警钟中心，能令我们保持警觉，保护自己免于危险。警钟与下方的爬行动物脑协作维持生命，因此合称为生存脑。

情感脑的第二个作用是让我们关注生存之外的另一重点——快乐。大脑反馈中枢可以将注意力集中于带来快乐的事物、行为和人上，使生活更愉快。然而，情感脑也会促使我们不惜代价追求这种反馈，造成上瘾或招致危机，从而令生活充满痛苦。

反馈中枢位于警钟中心附近，两者经常发生交流，因此反馈中枢与压力有关。当它们协作良好时，生活会变得更丰富充实。然而，当它们意见相左时，情感脑就可能产生巨大的压力。如果警钟和反馈中枢分别指向不同方向，就可能演变成极端紧张的状态。例如，反馈中枢可能要求我们去跳伞，而同时，警钟则大喊从离地3 000米的飞机上跳下来太不安全了。

幸运的是，作为人类，我们的大脑还有第三层结构，可以一边思考一边反应。第三层是最高的一层大脑，叫学习脑，也称新哺乳动物脑(neomammalian brain)。只有最高等的哺乳动物才拥有新哺乳动物脑，这类灵长类动物包括人类及其他能直立行走、自由使用手臂和手掌的哺乳动物，如猿类和猴类。新哺乳动物脑使我们能够基于思考做出选择，而非仅仅遵循情感脑的指令，或依赖爬行动物脑的反射与习惯。

新哺乳动物脑位于大脑的顶部，在头骨之下，从脑后一直延伸到前部——不出意料，这里被称为思考中枢。思考中枢位于新哺乳动物脑的最前方，这个区域叫作前额叶皮质，因为它位于大脑的顶部（皮质），额头（额叶）的后方（前）。

思考中枢处在这样一个有趣的位置，或许并非巧合。作为大脑最顶端、最靠前的区域，思考中枢是最后一个获取爬行动物脑和情感脑信息的部位，这既有好处也有坏处。一方面，思考中枢能获得最多的信息，既是命令中心也是决策者。不过，思考中枢也是最晚获得信息的，在此之前，大脑其他的区域都有机会在数据中加入意见和反馈。思考中枢在做出计划和决策时，也须负责预测未来，这会耗费大量能量。

为了履行职责，思考中枢依赖大脑的其他部位获取优质信息。然而，警钟和反馈中枢非常不擅长剔除无关信息，筛选有用信息。不管多么微不足道的事情，都会被它们视为重中之重。爬行动物脑甚至意识不到思考中枢的存在。

因此，思考中枢会借助记忆中枢来管理其他层级发出的要求和紧急信息。记忆中枢虽然远离思考中枢，却占据着有利的位置——它能捕捉警钟与反馈中枢发出的海量信息并予以过滤，避免其轰炸思考中枢。记忆中枢负责对信息进行筛选，寻找有助于思考中枢完成使命的内容。因此，学习脑由思考中枢引领，由记忆中枢提供宝贵支持和协助，是两者协作的成果。

最优大脑（optimum brain）则由更多部位组成，除了学习脑，最优大脑还包括情感脑中的警钟和反馈中枢，以及爬行动物脑中的所有本能需求。这个团队中常出现的问题是，警钟和反馈中枢提出的要求过多——在洪流般的强烈讯息的冲击下，记忆中枢会分心甚至崩溃。

这种层次结构很重要，因为无论大脑发生什么情况，警钟都处于核心位置。警钟几乎永不休眠，也几乎永远在与爬行动物脑积极沟通，比如命令心跳、呼吸加速或放缓，或让肌肉紧张或放松。警钟会以类似的方式获取爬行动物脑关于身体安全、力量与健康的信息。感知到我们身处险境时，警钟会像捕鼠器一样瞬间大作。警钟也在不停地向记忆中枢发出信息以调取内容，帮助我们集中精神思考面前的危险或可能的反馈。

为了使大脑的状态达到最佳，我们应当意识到来自各个层次的信息，而不是无视它们。为此，警钟需要确定我们灵台清明，以保证安全。反馈中枢无法做出这种保证，在它的驱使下，我们可能为了快感冲下悬崖。记忆中枢无法安抚警钟，因为它提供的是未经决策的单纯回忆。

只有思考中枢能处理来自爬行动物脑与情感脑的信息，再将注意力切换至学习内容上。我们可以决定身体的紧张程度，以持续专注于目标。思考是大脑最强大的武器，我们应学会运用它，这是减轻压力的绝佳机会。为说明大脑自我完善的过程，下面我们将介绍一位年轻的女士，她通过发挥大脑潜力，在肢体力量、艺术造诣以及精神聚焦（mental focusing）方面都达到了巅峰。

巅峰表现的秘诀

攀登巅峰的主要障碍并不是缺少体力、创造力或精神力，而是生存脑和学习脑之间停止合作，转而发生龃龉。巅峰表现者不仅有着完美的身体、技巧和知识，也充分打磨了自己的思想。他们的思考中枢天生就能专心“听取”警钟的信息，并与之沟通，因此思考中枢是他们身体的主宰。也有可能，他们通过后天锻炼，从导师和榜样那里学会了如何集中精神。

2002年的犹他州盐湖城冬奥会，花样滑冰界即将再次加冕一位公主。22岁的关颖珊已赢得4次世界冠军和6次全美冠军。在1998年举行的日本长野奥运会中，她已经获得了一枚银牌，仅以微弱劣势负于队友塔拉·利平斯基（Tara Lipinski）。

金牌归属将由两场比赛决定。第一场短节目[①]（short program）比赛之后，关颖珊取得了领先。第4位是萨拉·休斯（Sarah Hughes），全美冠军赛的铜牌得主。休斯已经不是国际赛事中的新面孔了，但是人们最看好的仍是关颖珊。她倾注一生努力希望赢得这场比赛，却失之交臂。

第一场比赛前所发生的一切，是优化大脑的绝佳研究素材。在短节目之前，关颖珊一直面带微笑。有了过去的经验，她知道如何专注当下。第一晚的比赛结束之后，她评论道："我为自己是美国人而感到自豪，我试着跟随内心的冲动而滑，努力使同胞感到自豪。这对我而言是不可思议的一刻。"她当时必定很紧张，但是她运用学习脑将注意力集中到自己可以掌控的事物上，从而调整了自己的警钟。而另一方面，第一晚的休斯则警钟反应全开。在候场时，她低头滑着圈。她试图深呼吸，但肩膀明显紧张地耸起着。直到她完成一个不完美却稳定的跳跃之后，微笑才开始浮现。

注意两者警钟之间的差别。关颖珊了解如何应对紧张与渴望。她知道，只要专心感受为国出征的快乐，跟随内心而滑，警钟就会明白学习脑正在掌控身体。而16岁的休斯则缺乏经验。这是她第一次参加奥运会，全美冠军赛时她还输给了另外两名美国选手。她无法调整警钟，因此被

---

① 指花样滑冰单人滑、双人滑与团体滑项目现行竞赛内容中的头一项。就如同名称所指出的，表演时间较自由滑来得短。——编者注

淹没在了肾上腺素反应里。

随后，事情发生了变化。

几晚过后，休斯形容了参与长节目[①]比赛时的感受。“我不想为了夺金而滑冰。我享受这场比赛。我告诉自己：‘这是奥运会，我想做到最好。’”她抓住两场比赛的间隙，充分优化了自己的大脑。

在常规表演开始之前，她微笑起来。她完成了第一次转体两周，平稳地滑过了冰面。接着，她进行了第一次三周跳（事实上是两个三周跳的组合）。当休斯落地时，你可以看到她的警钟清零了——她忍不住绽开了一个灿烂的微笑。随后的每一次跳跃都一样：起跳之前，她紧张专注，落地之后则欢欣鼓舞。表演结束时，她笑容满面。“我为了纯粹的乐趣而滑，”她说，“我希望这样度过自己的奥运会时刻。”

前一晚在警钟管理方面无可挑剔的关颖珊排在第2位出场，却在长节目得到了垫底的分数。其原因可能是此前休斯表现太好，或是整整4年都在等待夺金机会的压力。比赛开始之前，她神色专注，并在音乐奏响时咧嘴微笑。可是她在第一跳时表现得太过紧张，在接下来的三周跳中还出现了两脚落地的失误。而长节目开始3分钟之后，她摔倒了。

“我想，比起长野那次我要失望一些，因为我现在的水平比那时要高得多，”关颖珊后来说，“今晚的问题是，我不知道哪里出了问题。”

其实，问题在于专注力。

对于关颖珊而言，警钟要求她赢得比赛，这种思想主宰了她最后的表演。她是如此渴望感受毕生梦想成真的喜悦，以至于学习脑被压垮了，导致她无法专注于真正的重点：享受在奥运会上表演的过程。

① 也就是花样滑冰比赛中的自由滑。——编者注

第二天晚上，随着一次次跳跃的成功，在第一场比赛时还紧绷心弦的休斯越来越放松自在了。她将精神集中于成为奥运选手的快乐上，而每一次顺利落地都增强了她的自控感。她的大脑回忆起过去练习中的成千上万次跳跃，使她的思路更加清晰，从而能更好地完成每一个新飞跃。关颖珊的警钟则随着一次次失误而咆哮得越来越大声，而她已无力调低。

转移注意力

为了真正集中注意力，你应当关注重点问题，而不是放任过度的警钟反应替代思考。不妨问问自己："生活中真正重要的是什么？"你能否察觉到，此刻脑海中最先闪现的竟是那些麻烦？你是否担心自己永远无法得到最想要的东西？是否想到了能把自己逼疯的人或事？

这种思路十分常见，但无助于巅峰表现的发挥，也不能给你带来真正想要的生活。这类反应采纳了大脑警钟发出的信息，告诉你实现目标的道路上有哪些阻碍。而除了想出对策、逃避问题、寄希望于奇迹般的好转之外，你还能做什么？

你需要转移注意力，劝说警钟不必着急，因为你已意识到了它的担忧，也有办法应对。通过转移注意力，你不再受警钟发出的问题信息所驱动，可以选择关注对象，从中学习。

在大脑处于最优状态下时，面对警钟发出信号，你首先想到的是以下重点内容：

- 情感（如爱、信任、自信心）
- 思想（如基本价值观）
- 目标（如基于价值观确定的志向）
- 选择（你可以变得有礼貌且颇具同情心，而不是咄咄逼人或为自己开脱）

在最优大脑的帮助下，你会重拾过去人生中的关键事物并受其指引，而非纵容大脑警钟根据生存需求（或短期奖励）做出所有决策。

并且，这将成为每时每日的常态，而不仅是偶尔灵光一闪。你将日复一日地全心铭记人生价值来自哪里，不管是从大的方面（例如花时间祈祷，有意识地参与不那么简单却能使世界变得更美好的活动），还是从小的方面（例如在放纵自己向他人撒气之前停下来思考）。

每个人都可能拥有最优大脑吗？还是只有坐拥教练团队的奥运选手才能学会集中精神？前一个问题的答案是，没错，你可以拥有。至于后一个问题，你并不需要一整个教练团队。所有人的大脑都拥有发挥出最佳表现的潜能。

没有人生来就懂得怎样使生存脑和学习脑合作。集中精神的能力是学习与成长的结果。你需要下定决心，付出努力，反复练习，但这并不比学习其他技巧更难。

家门口的英雄

父母和家属们每天都在运用同一套技巧达成巅峰表现。最惊人的例子之一是军人的配偶。当爱人正在海外冒生命危险执行任务时，这群家门口的英雄则操心着孩子的健康和教育，打理财务状况，维持家庭稳定。其中许多人还承担着家庭之外的工作职责。

他们是怎么做到的？他们的爱人身处战火之中，而他们必须肩负起整个家庭以及自己心中的恐惧，并从千里之外给予爱人支持。是什么使他们免于持续性的崩溃？答案是，他们将精神集中于最重要的事情，从而激活了学习脑。

当丈夫接到10月1日驻守阿富汗的命令时，玛丽·贝斯完全知道自己该做什么。感恩节是全家最爱的节日，这一天双方父母将齐聚一堂，与三个孩子一起庆祝。因此她在九月就举办了这场传统节日宴会。通过提前举办家庭聚会，她不仅为全家人留下了一份记忆，以供离别后回味，也尽可能充实了两人共同拥有的时光。

没有人能始终完美地激活学习脑。军属们也有愤怒抑郁的时候，也会说出不经思考的话，就像我们应付大量应激源时一样（而这对于他们而言可算是最轻松的情况了）。但是当另一半身临险境时，他们能做出的最宝贵贡献，就是尽可能保护家人与家庭周全——包括他们自己的健康幸福。

军人的配偶永远是战争中的无名英雄。他们凭借勇气和决心，关注爱而非压力。即使尽可能优化大脑，也并不能消弭天各一方的伤痛与不知爱人安危的焦虑。但是他们通过开发自己的学习脑，让痛苦变得有意义。他们将精力转移到珍贵的事物上，支持并安抚军人，这正是长期警钟模式与高度专注模式之间的区别。

借用他人的学习脑：珠穆朗玛峰（故事一）

正如军人需要配偶和伴侣在执行任务期间帮助他们调整警钟，有时，当我们感到自己被持续性的压力困住时，也会依赖他人为我们提供所需的学习脑。

想想你最喜欢的教练或导师。约翰·伍登（John Wooden）等顶级教练能提出一连串简短的纠正意见，将自己的学习脑借给学员。最有影响力的导师则如诗人玛雅·安吉罗（Maya Angelou），每年举办几十场讲座，提醒听众关注生命和文化的多样性，让每个人都能聚精会神地思考。他人可以帮助我们专注于当下可做之事，令我们的学习脑向警钟发出明确的信息以使其恢复冷静：我们现在有比紧张更重要的事情要做。

假如能在其他人的帮助下坚持学习专注，最不被大众所看好的人也有可能实现惊人成就。2010年以前，珠峰最年轻的征服者是一名16岁的尼泊尔登山运动员。而2010年5月，13岁的乔丹·罗梅罗（Jordan Romero）成为最年轻的登顶世界之巅的人。他与登山经验十分丰富的父亲、继母一起，登上了海拔8 844米的山巅。

这怎么可能呢？大多数青少年的专注能力甚至不足以完成数学作业。人类史上已有逾200人死于5 000余次的珠峰攀登中，乔丹为什么能忍受山顶的不适？

无疑，他进行了严格而全面的训练与准备。我们无从确认他在一步步的攀登中都产生过哪些想法，但是我们确实知道，他有一个梦想。他希望登上七大洲最高的山峰，但那还不够。他要的不仅是征服这座山，而是达成一件惊世骇俗的成就，令自己余生都能充满自信并为之自豪。

他的事迹告诉我们，一个人无论年纪如何，都有可能担负起看似不可战胜的挑战。

但即便如此，也不足以让一个青少年实现如此巨大的目标。对乔丹的大脑而言，最重要的一点是他并非独自攀登。他深深信赖父亲和继母。这个家庭来自加利福尼亚州大熊湖，攀登就是他们的生活方式。除了登山技巧之外，乔丹还相信父母会推动他朝目标前进。在《今日秀》的访谈中，他说自己有好几次想放弃，然而家人使他坚持了下来，因为他们希望以家庭的形式，做到其他任何家庭未曾做到的事情。

当警钟大作时，我们总能从朋友、家人、导师、教练、治疗师那里借用学习脑。无论面对的是克服恐惧做出新尝试（如登上最高的山峰），还是摆脱繁忙生活的压力之苦，都没必要让大脑及其专注力孤军奋战。

在警钟反应下，任何人都可能迷失其核心价值观与目标。然而，每个人都有能力（甚至也有责任）在某个时间点将注意力重新集中到核心价值观和目标上。如果可以心怀敬意地感谢他人在保持学习模式之余帮助我们重获专注，我们就认识到了最优大脑的力量。而更令人激动的是，我们已做好准备，在未来向他人借出学习脑。

整合生存模式与学习模式，充分优化大脑

接下来，本书将向你展示优化大脑的途径，这种途径基于朱利安发现的一系列技巧。在临床与研究工作中，他向曾遭受创伤或忍受长期生活压力的成人、青少年以及儿童传授了这些技巧。有位客户请他用一个简单的词语概括这些技巧，以便于记忆。

当朱利安思考这一创造性的要求时，他意识到，每个人在受伤或紧张时，都面临着陷入警钟状态不能自拔的困境。某些创伤和应激源当时确实相当严重，但整个体验中最糟糕的地方往往在于，应激反应会绵延数年乃至数十年，似乎永远不会好转。

极端应激反应的产生可能只是出于对抗创伤体验的目的，然而，当其长期持续，致使无关紧要的应激源也引发“创伤后应激”反应时，就会成为可怕的陷阱。PTSD症状之所以出现，是由于大脑在创伤结束很久之后依然受困于生存模式。创伤事件幸存者不知道如何让大脑停止保护他们的努力。朱利安认定，最适合形容通向美好生活之路的词语是FREEDOM（自由）。

我们都希望自己能免于创伤和压力。全世界已出现了大量鼓舞人心的社会项目，致力于防止暴力、虐待、歧视、极度贫困以及社会体系崩溃，但创伤和压力永不会被彻底根除。我们能做的是：改变自己对待创伤与压力的方式，并改变自己在经历创伤和压力之后重建生活的方式。

现在，我们将介绍以FREEDOM为首字母的大脑优化模型，分别表示：

- 专注（Focusing）
- 认识应激源（Recognizing triggers）
- 为情绪赋能（Empowering your emotions）
- 实践核心价值观（Exercising your core values）
- 确定最优目标（Determining your optimal goals）
- 优化选择（Optimizing your choices）

• 做出贡献（Making a contribution）

上文说明了专注在应对压力和优化大脑中发挥着关键作用。在下一部分中，我们将传授培养和训练专注力的实用方法。你将会惊讶地发现自己曾常常运用这种思维方式，因此这是一项易于学习的技巧。并且，你也会出乎意料地认识到，我们每天都有多次机会集中注意力做出决策，调整自己及他人的警钟。这正是每个人能做出的最大贡献。

在接下来的章节中，我们将揭示在面临极端压力时如何集中精神，优化大脑时应关注的方面，以及你任何时候都有足够的自控力选择人生道路。我们希望你能了解如何使学习脑专注，因为警钟不会停止作响。我们希望你感到自由，因为如你所知，听取警钟有利于调整警钟。警钟能意识到生活的失衡，因此我们将向你展示，如何利用警钟信号专注于生活重心，从而管理压力。

二手压力：继续下文之前的警告

为什么优化大脑如此重要?

这是因为二手压力的存在。即使你彻底掌握了大脑的科学原理，即使不论何时你都知道感到紧张首先要做什么，即使你反复练习我们即将传授的技巧，甚至能够教课出书了，也不会改变世界的现状——无论你去哪里，周围都有人正在或即将经历警钟爆发。

他人的警钟就像是二手烟。当身边的人抽烟时，你所呼吸的空气也会受到影响。假如一栋建筑着火，而你不戴氧气面罩便冲进去，就会吸入有害气体。压力的情况也是相同的。

你可以闲坐家中，全身放松，倚在最喜欢的椅子上读书。然而，除非你关掉所有机器（包括电视、收音机、普通手机、智能手机、座机、电脑等），否则其他人仍然能影响你。朋友或许会发来一条简短的消息："救命！"他们可能只是在尝试新菜谱，需要你帮忙，但是你的警钟也会由此激发，让你以为他们有生命危险。

每次购物都能产生二手压力。欧洲人每天都要逛商场，他们把这当作调整警钟的仪式。他们会漫步货架间，仔细挑选当日的优质农产品、面包和蛋白质。

现在，想象某个现代美国人也正在购物，他慢悠悠地挪动脚步，逛遍所有角落。每件东西都触手可及！每件东西！就是现在！快！

店内光线明亮，人们推推搡搡。这样做的目的不是让人思考哪些食物更有价值，而是花最少的时间卖给你最多的东西，这样店里的客流量才能达到最大。最后一句话是不是敲响了你的警钟？

二手压力就是这样发挥影响的。你或许掌握了缓解压力的方法，但其他人未必。在介绍真正管理大脑需要了解的知识之前，我们希望你明白，这些知识无法立即将你从朋友的大惊小怪或忙碌紧张的环境中解救出来。

记住，你可以认识到二手压力对所有人生活的严重影响。每个人都有警钟，而大多数人不知道它工作的原理，也不知道如何让它清零。因此，在我们身边，多数人在多数时间都经历着警钟反应，或濒临其边缘。他们不是坏人，只是没有意识到警钟是如何主宰自己生活的。

我们将介绍，当警钟被他人的反应“传染”、二手压力造成的应激反应即将压垮思考记忆中枢时，你可以采取哪些办法。你会知道，责怪他人把应激反应传染到你身上并不能解决问题——我们都这样做过。相反，我们希望你意识到，你可以有意识地运用最优大脑自助并助人。你不必发表长篇大论，讲述别人的大脑警钟如何令你的生活无比痛苦——那是你自己被警钟控制的表现。反之，你可以清零自己的警钟以向他人证明，从生存模式切换至心平气和的状态是完全可行的。

生活中的许多压力是我们能够且必须学会与之共处的，而另一些压力应当予以清除或远离。无论如何，最优大脑对于应对压力而言都是必要的。只有知道如何使警钟与思考中枢之间保持畅通连接，才能培养出最优大脑。幸运的是，无论是谁，只要集中精力，在任何时候都能做到这一点，而且，我们还能有意识地学会该技巧。

第二部分

压力管理中缺失的第一步：专注

4

SOS法则简介

前文介绍了最优大脑的能力。事实上，无论何时你都能通过专注于真正重要的事情来清零警钟。现在我们会告诉你具体做法。FREEDOM模型的第一步是专注。

我们知道自己应该专注——将精神集中于家庭、工作以及其他我们希望掌握的技能上，如运动和音乐。但是，如何才能集中精神？

最有效的专注策略可以用一个熟悉的词语概括：SOS。SOS通常被认为是通用求救信号，即船舶即将沉没时船长用莫尔斯电码发送的速记文字。不过，在FREEDOM模型中，SOS有着相似却不尽相同的意义。SOS的每个字母都代表一个步骤，对于集中注意力而言均不可或缺，分别为：抽身（Step back）、定向（Orient）、自测（Self-check）。你只要感到了不必要的、可能难以管理的应激反应（抑或是你单纯想达到最佳状态），就可以使用这一简单的技巧。这套方法能使你再次调整警钟，理清思路。

大多数压力管理技巧的问题在于：即便它们准确说明了要做的事情，也必须帮助应用者成功建立警钟和学习脑之间的合作，否则并不能奏效。

这种合作可能会在应用压力管理技巧的过程中偶尔闪现几次，为了使其稳定下来，你需要了解如何实现这种合作。

SOS法则就是一项经过科学验证的减压方法，它能达到两种效果。首先，它是一种预防措施。为了防止大脑警钟在应激反应下像绿巨人一样失控，你需要训练自己的思想，准备好面对强压，当压力引发的应激反应即将超出温和可控的范围时，你要能有所预见。

另外，SOS法则也是干预措施，能干扰警钟反应的产生，使警钟冷静下来。警钟的作用就是产生应激反应，实现自我警示和保护。警钟知道你在生活中会碰到麻烦，希望确保未来的你能避开一切遭遇——假如遭遇无法预防，你至少可以做好准备迎接应激源的到来。不过，掌握了SOS法则之后，你便很少需要使用警钟了，因为你能察觉到早期警钟反应，并在压力劫持大脑之前，确定应从何时何地开始集中精神。

抽身、定向、自测：新SOS法则

第一个字母“S”代表Step back：抽身。抽身是为了立足当下。这意味着暂时停下，放慢脚步，整理好紧张时越发纷飞的思绪。为打开警钟与学习脑之间的通路，你首先要使头脑回归冷静、放松警惕状态。记住，你不仅应当放松并做好学习的准备，还需对大脑警钟提高警觉的要求做出回应，两者对理清思路和集中精神而言均不可或缺。通过抽身，我们可以同时达成这两项目标。它能立竿见影地优化大脑行为。现在试试你能不能体会到这一点。

暂停10秒，放空大脑。

你能做到吗？大多数人一开始都做不到。即使是在倒咖啡之类的日常行为中，许多人都要努力排除脑中盘桓的千头万绪。而如果能放慢脚步，充分立足当下、感受现在，就意味着我们已开始将注意力从警钟转移至思考中枢了。

让我们再次试着抽身。

此时此刻，你正身处一个具体的地理位置，然而你的头脑能够在转瞬之间带你回到刚记事的时候，或将你送往宇宙中的某个想象之地。当你无论如何努力，就是无法清空头脑，无力应对汹涌而来的思绪与画面时，可以尝试另一种抽身方法——关注周围的环境。你总能观察、倾听、感受你所在的地方。

在流程的开始，你需要环顾四周，查看留意到的一切。别去批判、评价或试图改变任何事情，只是观察。无论你在哪里，花10秒钟停下来观察。

现在再做一次，但这次需要闭上眼睛倾听。

两种情况下，你都迈出了开启大脑各层级间通路的第一步。随着抽身，你放缓了思考，并纯粹地感受当下。

现在你可以进行SOS法则中的第二步：定向。定向是指做出简单、清晰（但并不容易）的选择。在你进行抉择时，可以考虑对这一问题的回答：目前哪些念头能表达你生命中最重要的事情？就是它。这里的念头可以是任何类型的心理活动，包括图像、画面、想法、一组词语、一段感情、一个价值观或一项目标。减轻压力的关键在于切实专注当下生命中最重要的事情。

你通常要为此做些准备，因为全身心投入生命中的某一部分是至关重要的，其应具有重要的积极意义，而不能是最困扰你的问题或挑战。执行SOS法则时的一个常见错误是，你关注的实际上是警钟问题，而不是调整警钟的积极想法。举例而言，当你专注于思考自己希望避免的事情（如比赛失误、演讲时说错话）时，你事实上反而敲响了警钟。

你可以知道自己是否犯下了这样的错误，因为如果怀有这种想法，负面想法或应激反应必然会增加。我们将引导你找出正确的“念头”，它们能令你思路清晰，从而获得冷静自控感。那么，那到底是什么样的念头呢？

是去学习你感兴趣的东西吗？

是与你珍视的人共处吗？或是想象与他们在一起或听到他们的声音？

是做你觉得无比有价值的事情吗？

是探寻使你真正感到骄傲的自己吗？

再次花10秒钟抽身。

现在，专心思考：我是一个有价值的人，因为我__________。

再读几遍你填入的词语。

刚才，你完成了SOS法则的前两步。通过使用思考中枢选取自己想要关注的事情，你将注意力转换至了当下。通过清空大脑，或纯粹地观察自己身处何处、有何感受，你锻炼了控制心理的能力。从而，向大脑警钟提供了反馈，证明了自己的警觉与清醒，使它开始调整紧张感。

这时，你可以直接激活大脑的思考中枢。借助思考中枢，你可以生成对自己最有意义的新念头（比如关注这本书的内容），也可以向大脑发送调取某段回忆的指令。你必须只专注于一个念头，否则警钟还会再度响起。但是，只要能发掘出一个念头（无论是字句、图片、声音，还是行为、地点、人），这种有选择的思考回忆就可以帮助你向警钟证明，一切都在你的掌控之下。

但有时，这并不管用。

因此SOS法则还有第三步，即第二个“S”：自测。每次执行SOS法则时，你需要用1～10分来简单评估自己的紧张程度，这是完成这一过程并确保有所收获的最后一步。正如我们在第1章中讨论的那样，10分代表严重的警钟反应——你此生体会过的最强烈的紧张、痛苦感。1分则是该维度的另一端，代表完全心平气和，没有任何压力。压力自测能为你测量警钟的温度。正常情况下，大多数人的紧张程度处在3到8分之间，很少有彻底放松或极度紧张的时刻。

如果你的得分居于中间水平，在3到8分之间，那么最好的专注方法是默默记住自己的紧张程度（或写在日记本里），接着去检查自控水平。你需要记下敲响警钟的经历，这样以后才能有针对性地采取措施。然而，假如你极度紧张，得分达到了9分甚至10分（平生最强烈），你应当立即停下来，想出方法应对眼前的严重威胁。

在审视自己的紧张程度之后，你还需要自测自控水平。10分意味着你的思想非常专注，自认完全主宰了自己的生活。1分意味着你的头脑极度混乱，思考中枢根本没在运转，你感到失去控制，无法清晰思考。正如压力自测一样，多数人的自控水平得分通常在3到8分之间，这表示你拥有一部分清晰思路带来的自控力，但是还不充分。如果结果是这样，也请记在心里，或者如果你有记日记的习惯，也可以写下来。

然而，如果你的自控水平得分非常低，只有1或2分，最好抽身处理眼前的情况。通常，一个人的自控水平会如此低，不是因为他确实没有能力自控，或已经完全失控（除非极端灾难或个体创伤导致思考中枢失灵），而是因为身体淹没在了警钟产生的肾上腺素中，无法清晰地思考。

有一种方法既能帮助我们重新专注于“正确的念头”，也有利于从极端应激反应中恢复。即我们应当激活思考中枢，将注意力转移到学习上。如果你的自控得分是1或2分，那么为了回忆起表示终极人生目标的核心念头，你需要再次抽身，重新将注意力转向自己的思想，专心思考。此后，你或许仍会感到沮丧动摇，但也将发现自己开始有能力理出头绪，而不是单纯做出反应了。

当你可以经常抽身、定向并自测警钟激活水平和清晰思考的能力时，你便掌握了一项秘技。只有商业、艺术与运动领域的顶尖人士具备这项能力，并且这对他们而言是一种与生俱来的天赋。SOS法则最大的优点在于，它会成为你面临压力时的新习惯。你已做好紧张时刻的准备，因此压力感较轻微，不仅如此，你还知道警钟敲响时应如何应对。

你不可能在紧张的董事会会议中做20分钟的冥想，你的伴侣也不会喜欢看到你在夫妻争吵中突然摆出瑜伽姿势。但是你可以执行SOS法则。

一夜好眠

丹尼斯无法入睡。报告会就在明天，内容非常简单，但却是人生中最重要的一场报告。他刚出生的孩子睡着了，妻子也睡着了。而丹尼斯无法入睡，因为他们需要一所不只一个卧室的新公寓。他的老板许诺，如果董事会喜欢丹尼斯的新方案，他会得到更多奖金。他们需要这笔钱来购买更大的房子。

他的思绪飞转。“如果我失败了怎么办？我已经数百次面对一大群人做报告。我是个销售。我能做到这件事。但是如果我生病了呢？如果我忘了最重要的观点呢？我知道董事会喜欢打断报告，如果我翻到正确页数的速度不够快呢？

“我告诉玛茜我们会换套大房子。如果我没做成，她会认为我很失败。也许我确实很失败，假如他们不喜欢这个产品的话。”

丹尼斯看着天花板，随后他想起了SOS法则。“我知道如果不睡一会儿，明天是没法好好表现的。”

他抽身出来。他最喜欢采取的办法是听自家宝贝的呼吸声。他转过身，看了一会儿她的摇篮，闭上眼睛，倾听着。

然后他恢复仰卧姿势，微笑起来。他已感到自己的紧张水平在下降。他决定把注意力集中到小时候总能使自己冷静的事情上：投篮。他想象自己正在投篮。他这么做了几分钟，它奏效了，但还差一点。

有关报告会的念头总是止不住。他审视了自己的紧张程度，尽管降到了4分，但仍然过高，不足以入睡。他已经把报告的内容练习了很多遍，最不想做的事情就是再练一次。他最渴望的是感受到代表着报告成功的有力握手。他想要董事会成员注视他的眼睛，说他干得太漂亮了。“就是这个。”他想，心情有些兴奋。

为了再次放缓思绪，他闭上眼睛，倾听女儿的呼吸声。

然后他想象自己正握着董事们的手，对方眼中浮现出喜悦。他想象当妻子听说自己做得有多好时，会如何骄傲。他能感到自己的呼吸变慢了。他想象自己正身处那间会议室中，完全做到了他知道自己能够做到的事情。他握着另一名董事会成员的手，听着女儿的呼吸声，感到意识开始游离。

为什么人们需要吸烟休息一下？

大多数人甚至不知道自己运用的方法就是SOS法则的各种变体。然而，SOS法则的某些形式实际上对大脑不健康。

加布里埃尔吸烟。她在工作休息时吸烟，在与男友吵架时吸烟。当和朋友外出放松时，她也喜欢吸几支烟。当我们问她原因时，就像我们的许多客户一样，她说："因为它让我感觉更好。"我们总听到人们说，吸烟使他们感到重获新生，仿佛能面对即将到来的任何事情。所有的答案实际上都指向同样的事实：吸烟也是SOS法则的一种变体。

你无疑有能力调整乃至清零脑中的警钟，但许多人在面对压力或当前的应激源时，所采取的办法不是专注思考重点，而是吸烟。吸烟时，你必须从盒中抽出香烟（即抽身），然后仔细地点燃它。你的注意力立刻集中到一件事上：吞云吐雾的感觉。虽然尼古丁会使神经兴奋，但多数吸烟者称，在吸烟时以及吸完后，他们立即感到紧张感降低了。

紧张感得到改善的真正原因不是香烟，而是彻底贯彻SOS法则的吸烟过程。吸烟的人完全立足当下，专注于一件事——享受吸烟（更有可能是他们以吸烟为借口放松片刻，专注地沉浸于自由畅想之中）。香烟没有魔力，它只是道具，使人们专注于真正想思考的事情。那就是为什么他们在吸烟后感到紧张程度降低，更有自控力。

如果不是香烟太过危险，它会是理想的教学道具。警钟的管理方法是如此难以掌握，以至于许多人未能真正解决压力问题，却转而对化学替代品上瘾。酗酒、暴食等成瘾行为无法提高生活质量，反而会严重破坏健康。这在很大程度上是我们没有学会妥善管理警钟反应的后果。

但是我们还有其他选择。

两个世界

SOS 法则如同穿透黑暗的一束光。

你只是改变了关注点，而新的关注点则改变了你看到、知道的一切。太多人认为应激反应是生活的常态，而没有压力只是偶然。我们享受毫无压力的回忆：浪漫的夜晚、完美的旅程、发挥全力比赛、彻底掌握某个项目。

我们内心希望拥有更多这样的美好时刻，但却认同日常生活总会紧张到无法管理。其实，人生不必总是如此紧张。要改变自己的应激反应和处理方法，并不一定非得改变世界不可。

每时每刻都有两个体验的世界可供你选择。选项一是警钟世界。这个世界是黑暗的，充满痛苦和压力。这里一片混乱，失控的感觉无处不在。它任由你的大脑做出反射，让警钟支配你的感受。警钟世界充满了慌张、无力、恐惧和绝望感。它是惨淡之地，每一天都是折磨，未来痛苦到你不愿去想。短暂的欢乐时光迟早会结束，紧接着是漫长的紧张，一切都会变得更糟。

选项二是最优世界。只要能学会如何集中思想，几乎每天都是最幸福的时光，而在过去，这种日子曾经只是意外。你关注的不再是引发警钟的想法和情感，而是脑海中的愿望，你感受到的情感来自学习脑而不是警钟。你选择了不会令肾上腺素与压力充斥身体的目标和经历；此外，你在生活中创造价值时，不再会往日程表里塞满不可能达成的挑战和痛苦的负担。

理想世界中的生活不是完美的。但是，当警钟与思考记忆中枢融洽合作时，最佳大脑就能自主选择如何应对真正的挑战。这样，当紧急事件出现，警钟因而发出压力信号时，你会知道如何利用这种信号保持专注、应对困难。生活在理想世界中，你可能会紧张，可能不得不努力处理麻烦，但你也能选择将精力集中于自己在意的事情上。

5

抽身：将被动反应转变为主动自我管理

为抽身并放慢节奏，我们需要激活大脑前额叶。这是我们向警钟发出的第一个信号，表示一切安好。例如，当我们早晨淋浴时，很容易纠结于即将到来的一天，或思考生活中悬而未决的问题。思考问题使肌肉紧张，也可能导致压力，带来刺痛般的不适感。这是警钟激起了我们的反应。或者……

我们也能将被动反应转变为主动自我管理。

打开这扇门

为开启警钟与学习脑之间的神经通路，抽身是首选策略。警钟重重地把这扇门砸上了：它认为我们很危险，于是做出反应。抽身时，我们就打通了信息在大脑各部位之间的传播渠道。在良好的管理之下，大脑是冷静并受控的。此时，你可以选择自己的思想与体验，而不是任由警钟支配感受。

要将思路变得清晰，你不必整日静思或改变自己的生活方式。在任何时候你都可以选择开启学习脑与警钟之间的通路。这样一来，思考中枢这一大脑部位知道了你的状态尚可，就能向担心你身处险境的大脑部位（警钟）发出安抚信息。

SOS法则的目标很简单，就是专注。专注源于清空脑海，因为警钟反应正是由恼人的负面思绪引发的。一想到任务截止期限临近或某场带着对抗情绪的谈话，警钟就希望我们快马加鞭。警钟想要马上解决问题，并且消除往后一切可能的威胁，这有助于我们在办公桌上埋头工作，或者在艰难对话中注意对方的表现。

停止思考也无法调整警钟。劝说自己“别担心”事实上也是一种警钟思维，警钟在尝试解决紧张问题，却反而把我们搞得更紧张。反之，专注应该从这样的想法开始：“我要花点时间，放慢节奏。”如果我们在淋浴中发现思绪开始奔涌，那么能起作用的方法是专心体会热水的舒适。我们可以有意识地集中精神感受热气的抚慰和水流轻柔的压力。任何时候我们都可以抽身，将头脑集中于当下的体验。

每个人都能找到不同的方式抽身。假如你是会因工作而担心的人，那么你可以通过一次只做一件事来放慢节奏。如果你正在学校里照顾孩子们，或正在抚育年幼的家人，可以花几分钟深呼吸数次。在电影《黑客帝国》（*The Matrix*）中，主角尼奥从他的导师那里得知，通过运用几种方法，他可以凭借思想控制机器创造的幻觉世界。尼奥想知道自己是否能躲过子弹，而导师墨菲斯称，当他准备好时，他就“不必躲子弹”了。在现实世界里，我们无法躲过子弹，但可以舒缓自己对应激源的反应，直到警钟停止过激反应，不再让我们崩溃为止。

SOS法则的第一步实际上是做减法。SOS法则试图让学习脑告诉警钟：我们已意识到发生的一切并进行妥善处理。当大脑处在警钟模式时，任何事情都是紧急的，每个情境都像待解决的问题，无论事实是否真的如此。而抽身则能重新激活学习脑。抽身之后，我们不会再感到警钟大作，而会使用思考和记忆中枢来缓解肾上腺素的流动，重新平衡大脑中的化学物质，从而产生冷静自控的感觉。

让我们再做一次尝试。现在，有些事情正唤起你的注意力。想象一下你在搭乘飞机，而有人正在咳嗽，让你怀疑自己是不是会因此得病。得病的念头引发了你的警钟。(如果你在工作，就想象事情堆积如山。如果你待在家中，就想象有家务活要做。即使你在度假，也可以想想你本该利用这段空闲时间完成的所有事情。在这个时代，我们总会发现没完没了的待办事项。)

你的警钟开始响了吗？警钟太容易被纷乱的思绪和周围的大量刺激引发了。压力就像过山车，放慢脚步就是选择下车。

现在，闭上眼睛，深呼吸几次。你感觉如何？如果你仍然感到紧张或有压力，再慢慢呼吸两次。选择了深呼吸，你的大脑就将从生存模式转换为学习模式了。就像沐浴在热水下能清理思绪一样，无论遇到怎样的情况，你都有办法摆脱警钟思维。此时，学习脑意识到了警钟的激发，决定将思绪由混乱转换为冷静专注，使自控成为可能。

真正专注的头脑

从体育到商业领域，所有伟大的导师和表演者都知道如何抽身。当周围世界令人头晕目眩时，他们懂得如何摆脱混乱。抽身的艺术，就如人类文明一样古老。冥想的研究者们认为，在篝火前度过无数个夜晚后，原始社会的人类发现了冥想。仅仅是凝望跳跃的火焰，就能清空头脑，进入超凡脱俗的境界。

世界运动领域也有很多抽身的良好例证。迈克尔·乔丹（Michael Jordan）的赛前惯例就是典型。乔丹可谓史上最伟大的篮球运动员，在某次采访中，他对一名赞助商表示，为了做好重要赛事前的心理准备：

> 我试着放松自己……我听音乐。我到处和人开玩笑。我把全副身心从比赛本身中抽离出来。而等到了应该专注于比赛时，我就集中精神发挥自己的运动技巧，与团队融合在一起。在某种程度上，我们每天一起出门，一起做好自己的事情。篮球比赛过程中的每时每刻我都在挑战自我，想成为最好的篮球运动员。

所谓将“全副身心”抽离比赛的想法，正是抽身的体现。如果我们即将为争夺世界冠军而战，大脑警钟确实应该做出反应，但是通过留意警钟的信息，我们可以随之转移注意力。

商业领域也存在许多抽身的方法，如比尔·盖茨（Bill Gates）的“思考周假”。当他执掌微软时，每年他总会离开公司两次（每次持续一周），阅读微软员工提交的文章。通过阅读，他能将工作方向确定为对自己最重要的事情，但是离开公司则是一种抽身的方式。在经营一家世界顶尖的软件公司时，情况是瞬息万变的，解决方案也异常复杂，为实现企业的成功，必须花点时间放慢节奏。

父母也许做不到远离子女一周，而且对于缺少雇员的小企业家而言，抽身如此之久也可能过于奢侈。但是我们每个人都需要想办法有意识地按下暂停键。暂时抽身会使专注成为可能。如果我们真的想要爱护自己的孩子，在工作和生活中发挥出最佳水平，首先就要意识到警钟传达的信息。

“我讨厌冥想”

放慢节奏不需要花费数日时间，甚至无需按照医生、僧侣和瑜伽师的建议，培养冥想20分钟的习惯。大多数人都收到过冥想20分钟的建议，因为通过冥想放空头脑确实需要那么久。但是对许多人而言，传统的冥想并不奏效。

举个例子，在早晨打坐时，你只有一个简单的愿望：享受一段短暂的平静。你知道冥想对自己有好处。创伤和慢性压力能使警钟过度活跃，从而改变我们的大脑。同样地，研究显示，冥想事实上能使大脑中受特定事件影响的区域加速恢复过来。冥想能使人更专注、更有同情心。然而，归根结底，你却不喜欢冥想。你不喜欢呆坐时发生的事情。

第一个问题是盘绕的思绪。它们就是停不下来。冥想是指将注意力集中于呼吸、一段颂歌或一幅图片上。但是对一些人来说，每次冥想的感觉都很失败，因为我们无法让头脑慢下来。我们不仅没有感觉更好，所做的尝试甚至还激化了警钟。我们的脑海并不平静，各种激发警钟的念头争相发出尖叫，要求获得关注。

冥想不适合所有人，但是我们都需要找到方法达到冥想的效果：抽身放空时感受到的清明澄澈。即使你尝试了每一种可能的冥想形式，却没找到一个合适的，也不代表你失败了，也不能说明冥想法没用。这是因为你没有找到适合自己的放空方法。找到时你就会发现，虽然要付出艰苦努力和勤奋练习，但是你可以做到让头脑慢下来（我们会在下一部分中提出一系列建议）。

第二个问题是，即使我们的思想确实开始略有放松，但真正能立足当下的时间也不过几秒。短暂地沉浸于温暖的阳光、简短的祈祷之后，各种感受就会汹涌袭来，而且这不是正常安宁的幸福感。我们开始想起自己一直想做却没做的事情，想起过去遭受的创伤和痛苦，或是当下任务的完成期限，以及我们忘记做的事情。警钟思维只是潜伏在意识的表层之下，静候合适的时机，刺激我们，以引起我们的注意，甚至是令我们无比焦躁痛苦。

一个人如果在冥想后产生了失败感或极度的痛苦感，就不会愿意再次尝试。因此需明确的是，SOS 法则的第一步不是冥想。两者具有相同的初始目标——清空头脑，但我们只要求你维持一小会儿，最多几秒钟。而且你可以花些时间立足当下，在面对高压环境之前就完全掌握这一技巧。

随后，如果家人总是用同一件事烦你（他们以后可能也会一直这么做），那么在你即将为此发火时，大脑会想起还有其他的选择。你会意识到，在重要的演讲之前感到紧张是好事。你总能将压力视为警钟发来的提醒信号——希望你做好准备迎接重要时刻。这是一种高等的觉悟，源于学会抽身。

我们相信冥想、瑜伽与暂时抽身的价值，我们也知道，你可能无法在繁忙的生活中做到以上任何一件事。我们认为，在现代社会的压力下，感到失控（甚至已经失控）时，你需要一种实用的应对策略。SOS法则的第一步是打开通向最优世界的大门。它能产生等同于佛祖打坐、乔丹讲笑话、进行深呼吸的效果。要实现这种效果，只需一个简单的念头——抽身。

6种抽身方法

上文要求你通过倾听和呼吸来实现抽身，但是我们需要明确一点：不存在完美的抽身办法。开启警钟与学习脑之间的大门可不是做饼干，不存在菜谱之类的理想解决方案。在不同的场景下，你可能有不同的目的。但可以确定的是，你只能有一个目的。SOS法则的第一步不是要完成一系列任务，而是要完成一项特定任务，关键在于找到适合自己的方法。以下是客户告诉过我们的一些成功的抽身途径：

放慢：就是字面上的意思，放慢动作。如果你在走路，降低步频。如果你在说话，在语句中插入较长的停顿。如果你在玩游戏，每次得分、射门或操作之间都暂停一会儿。你只要读过这本书，就会在日常生活中常常使用SOS法则，而单纯通过放慢动作即可开始调整警钟，就像感冒时喝到的第一口鸡汤能让你立即感觉好些。

暗示：你可以对自己说一些暗示性的词或短语，比如"抽身""放慢"或"暂停"。重要的是，当你感到警钟激活水平提高时，当你意识到警钟已掌控大脑信号时，可以利用一个简单的词或短语来暗示"自己仍然有自控力"，即使警钟正在爆发。

呼吸：我们再次强调呼吸，因为没有什么比两次刻意的呼吸更能净化思想的了。当血液获得更多氧气后，应激反应会得到缓解。记住，呼吸能激活学习脑。冥想家们都建议人们关注自己的呼吸，因为当你有意识地呼吸时，你会开始变得专注。当你开始专注时，警钟就知道你的自控力仍然存在了。

观看：仰望天空中的云朵、查看筑巢的雀鸟、留心子女学会新知识的方式。"看"这一简单的动作，使我们立足当下，品味身边的所有美好。当警钟响起时，我们事实上可能看不见眼前的美景。观看，是抽身并欣赏当下环境的方法。

数数：托马斯·杰斐逊（Thomas Jefferson）曾说："生气时，数到十。特别生气时，数到一百。"通过数数，关注数字之间的间隔，你的学习脑会被打通，因为这是你的自主选择。这些措施的关键都在于，你自己决定了做某件事情，而不是围绕着令你失控的警钟和感情打转。

清扫：想象有一块黑板。上面写着可怕的想法："你不够优秀""你做不到的""你有什么毛病？"。然后你擦掉了这些想法，黑板变得一片空白。想象荧幕变得漆黑，汽车雨刷清除了所有雨水。主动做出选择，清空头脑。这么做时，你就可以转移注意力，践行SOS法则的第二步。

6

定向：重拾内心的罗盘

定向就是关注此时对你最重要的事，它能调整警钟，增强大脑前额叶清晰思考的能力。想想工作时你快要爆发的一刻。你的身体几乎要随猛烈的情绪颤抖起来了。接着，你产生了一个想法："我需要这份工作"或"我想做个好领导"。下一秒，你开始冷静下来。这一成果意味着思考中枢开始专注于重要之事了。现在，我们将指导你从应激状态（在情绪冲击中动弹不得）切换至专注状态。

你将重拾内心的罗盘。

慢性压力：迷失在泛滥的情感中

长期受慢性压力折磨时，你会进入生存模式，这和坐在自动驾驶的汽车里差不多。你无法再掌控自己的大脑、感情、思想或行为，所有这些都处于大脑警钟的掌控之下。哪怕不慎掉落一顶帽子，你都能从冷静放松激变为情绪崩溃。愤怒、恐惧与担忧会像火山一样喷发，奔涌过静脉血管，使你变得异常神经质。接下来，你往往会做出一些伤害自己与周围人的事。应激反应不同于温和的叫醒电话，它带来的感觉就像卷入痛苦的巨浪中，沉入深海。

在这样的时刻，情绪冲击（emotional flooding）就会出现。或者当你的人生完全失控长达数日或数周时，情绪冲击也会发生。所有人都可能经历情绪冲击，这迟早会发生。在这种情况下，你会被大量的警钟信号淹没（即使只是暂时性的）。你需要重新确定自己的方向。而只有通过专注，你才能做到。

几乎赤裸

听到那个声响时，琼慌了。她刚刚走出前门，把寄给侄女的生日贺卡放进门廊的邮箱里。她不希望早上急急忙忙出门工作时忘记这件事，因此记好要在睡前完成。现在的问题是，她站在寒冷的深夜中，身上只穿着内裤与T恤，而身后的大门锁上了。

她没有备用钥匙。收着备用钥匙的邻居不在家。为了保暖，所有窗户都牢牢地关好了。她简直能听到警钟在滴答作响。她开始出汗，尽管天很冷，她又几乎没有穿衣服。她的脑子开始飞转：无论如何不能穿着内裤在街上走。她该怎么做呢?

她对我们讲述了这个故事。当时，她接下来说的话，正表现了学习脑是如何告诉警钟一切在掌控之中的。她听到了祖母的声音。如今乍听之下，这很疯狂。她被关在自家门外，竟听到了祖母鬼魂的声音。其实，并不是她听到了鬼魂声，而是学习脑调取了一段自己可以信任的嗓音。

她曾经上过SOS法则课程，因此十分熟悉紧张时要做的事，也已练习过很多次。祖母的声音第一次说“抽身”时，她没有听进去。一些想法缠绕着她，她想到第二天非做不可的事情，自己正光溜溜地独自站在黑夜里，还有她真的觉得自己死前至少该去一次夏威夷。这是警钟的运作方式，它劫持了大脑，突然间一个简单的错误引发了泛滥的思绪和情感，挖掘出我们曾经体会过的所有恐惧、疑惑以及忧虑。

她再次听到了祖母的声音——“停下来好好想想”。这次她听进去了。她闭上了双眼，做了几次深呼吸，仔细听空气吸进呼出的声音。然后，她将注意力重新转向那一刻自己生命中最重要的事情上：来自祖母的爱与智慧。

恐惧和尴尬的重负从她肩膀上溜走了。她没有完全放松平静下来，毕竟她仍穿着内裤站在家门口。但是她变得冷静和自信了，祖母的爱使她在无助时感到安全。曾经的焦急和羞耻转变为决心与良好的幽默感。

她看了看锁上的门。她看向左手边的邻居家，然后转向右手边前庭栽种的树木，接着想起来那条毛巾。通过定向，学习脑回忆起来，那天去完海滩之后，她把一条毛巾放在屋后晒干，现在还没收进屋子里。她从没有穿着这么时尚的毛巾裙向人求救过。

定向反应

当动物与人类察觉到某些出乎意料、不太熟悉的事物时，爬行动物脑与情感脑往往会触发自动反应。身体的感觉与知觉器官将注意力重新转向（或重新定向至）应激源。定向反应似乎服务于生存功能，因为我们不了解或不熟悉的东西可能具有危险性。意料之中的是，这种反射性的自动定向不是由大脑思考中枢完成的。由此产生的新信息或许可以有效保护我们的安全，但却无法引发新的学习。

我们将教你采取一种类似但更强大的定向反应。你需要将思想定向于带来人生希望与价值的想法，这是全人类都能触及的最佳力量之源。从而，你可以重新激活在极端应激反应下失效的大脑部位——你的思考中枢。

为了从肆无忌惮的应激源所造成的混乱中解脱出来，你必须重拾方向，专注于有关生命真正核心的知觉感受。虽然你对此心中有数，但是处于长期或紧急应激反应状态中时，你很容易会忘记重要的事物。应对眼前的压力与危机似乎需要耗费全部注意力。我们都知道，每天都会有无数次机会纠正错误，转败为胜。现在，是时候将这种意识转化为行动了。

从眼下压力与生活乐趣中的每一次抽身，都不仅是重整旗鼓的好机会，也最适合重新定向。随着思维重新定向，无论面对怎样的外部环境，你都能获得自控力。因此，重新定向的行为能激活你的思考中枢，赋予其与警钟协作的能力。最终，你的大脑警钟将完成清零。

有许多思考方法能帮你重新定向。你可以想象某张图片；从记忆中枢调取图像；构思语言；将还没发生的事情具象化，切实地“看见”它们；调取回忆，像看视频一样观看它们。你还可以体会自己希望拥有的情感，响应指引人生的价值观，想象自己实现了目标。这些都是思考的行为，但是定向需要你投入全部身心，思考此时此刻你人生中最重要的某件事物。

继续驾驶就行

无论何时，你都可以专注于同一个想法，从而告诉警钟没有什么可担心的，即使在开车时有人抢了你的道也是如此。正如我们在第2章中所说，当有人抢道时，我们的警钟会被激发。无论我们选择了急转弯还是猛踩刹车，都是由警钟驱动的，虽然我们没有意识到它在促使我们行动。当学习脑处于最佳状态下时，它可以利用警钟信号，确保我们的安全，然后冷静地将注意力引向路面——但情况并非总是如此。

问题在于下一刻。

如果体内充斥着肾上腺素，我们就会愤怒。我们往往会摇晃拳头发出怒吼。世界上没有什么手势，比被抢道的司机伸手比出的中指更意义明确。然而，怒火和正义感并没有用。那不会让我们成为更好的司机，也不能令道路变得更安全。抢道的人可能是在打电话，可能因为后座的孩子令他分心，或者犯了没检查自己盲区的简单错误。

正确的答案是：继续驾驶就行。

如果我们真的想使世界变得更美好，不妨想象一下：如果在被抢道时，所有司机都能抽身出来，重新将注意力转向享受驾驶，那该有多好。这不是在试图把你变成道路上的懦夫，而是为了保护你的心理、情感以及身体健康，是为了使你知道哪些情况才值得动用警钟反应，哪些情况最好用SOS法则解决。

继续驾驶就行，抓紧方向盘，享受掌控一辆重达两吨的汽车的感觉。聆听道路的声音和引擎的声音。打开窗户，感受风吹拂在脸上的感觉。对你来说，重要的是仔细留意前方。把感官定向至单纯的驾驶，而不是憎恨某个无名路人，他自己就可能处于过激警钟反应下。这能令你冷静下来，体会当下这一刻。车内车外的人都会看到你脸上的平静与愉悦。

为何要费工夫定向？因为凝神需要代价

我们的大脑花了很多时间烦恼过去，担忧未来。我们不再追随自己真正在意的事情。我们让生活在迷茫中匆匆溜走，而不是再多关心一下自己的目标。我们甚至意识不到这一切……直到崩溃。

然后，我们会有点自作自受地碰壁，或发现自己走进了死胡同，想掉头却已然太迟。这些辛酸的悲惨时刻常常会让我们有所顿悟。就像是沉睡者从噩梦中醒来一样，这时我们才能看清一切。但是即使遇上明显无法避免的灾难，也可能为时不晚。更重要的是，每天我们都有很多机会提前躲过灾难，将注意力集中到最重要的事情上。

定向正是如此：有意识地将思想重新凝聚到生命中最重要的事物上面。那么，我们为什么不能每时每刻都定向至生活重心呢？为什么我们需要研究材料和书本，以学习如何更高效地使用大脑？

缺少定向意识是主要障碍。当思想正忙着梳理感知系统传达的内容时，我们意识不到自己正根据这些信息唤醒警钟，而忽视了思考中枢。我们不断用大脑思考，但是我们仅仅利用了可支配脑力的一小部分。我们试图有意识地激活思考中枢，但是失败了，因而失去了思考中枢发出的珍贵信息，并且将掌握思想和生活的权力白白让给了警钟中枢。这就像是让最年幼的家庭成员管事一样，令人激动兴奋的事时有发生，但人们也会因对真正重要的事情欠缺考虑而面临危机。

习惯是定向的第二道重要阻碍。我们以为，根本没必要有意识地进行反思或思考自己的核心价值观，那纯粹是浪费时间，或者我们只是太忙了。随后，我们养成了一种习惯，只关注眼前的问题与麻烦，忽视自己真正想要和需要的事情。大多数时候这是可行的，因为这样符合警钟和反馈中枢的要求，但是有时却会导致思考中枢盲目满足警钟的需求。

努力是定向的第三道障碍。一些研究人员利用功能性磁共振成像（fMRI）直接观察大脑，结果显示，大脑在专注思考价值观、目标等复杂问题时，所需的化学和电刺激（即“努力”）要多于自动运转时。对于某件事物，相比单纯思考其本身，或是如何获得（对于奖励而言）、躲避它（对于惩罚而言），当你确实在思考它的含义时，会消耗更多的脑力。

定向的第四道障碍与上述努力有关：速度。单纯反射比实际思考快很多。事实上，脑科学家们发现了大脑中压力激活的两种不同路径。第一种路径叫作“短”循环（或“快”循环），因为这种循环路径实际上只包含了大脑的一小部分区域，以及少量脑细胞（神经元）的高速信号。在短循环的开始，负责分析感知情报的大脑区域（该区域就位于杏仁核附近）会向杏仁核直接输出信息。随后，警钟从杏仁核向爬行动物脑发出指令，要求加快或减慢心率、呼吸等各项身体机能。接着，受到刺激的身体部位向大脑感知区域做出反馈，完成整个循环。

激活长循环

另一种路径则被科学家约瑟夫·勒杜（Joseph LeDoux）称为“长”循环（或“慢”循环），因为它覆盖了大脑中的更多区域，需要更长时间。它与短循环的主要差别在于，长循环不仅包括了短循环涉及的所有大脑部位，还需要运用大脑思考中枢。因为与大脑下层相比，思考中枢的位置离警钟更远，只有激活大量神经元，思考中枢才能将其更为复杂的信息传回其他区域，所以这样会花费更长时间。结果在人意料之中：实际的思考比单纯的反射要耗费更长时间（和更多努力）。

既然有这么多障碍或潜在劣势，我们为什么还要费工夫深入思考，或者说为什么要思考呢？答案是显而易见的。经由长循环做出的谨慎选择，通常好过不假思索的反射。不过，这不足以阻止大多数人做出草率的选择，而非努力。我们需要更好的理由来说服人们“为使用思考中枢而耗费精力和时间是有意义的”，而不只是老生常谈地强调“决策应该明智，不应冲动”。

令人惊讶的是，如果理解了警钟和思考中枢是如何协同运作的，我们就会发现警钟其实拯救了思考中枢。你可能认为警钟行为总是围绕着眼前的生存和奖励。但事实上，那是由于警钟没有得到真正的满足，因此沉迷于表面的解决方式，就像上瘾了一样。对于警钟来说，最好的奖励和安抚不是应激反应，而是能让它在无法真正获得满足时安静下来的东西。

警钟非常希望我们关注能滋养并满足思考中枢的事物。警钟就像是一个淘气的孩子，暴躁的时候需要帮助，才不至于使身体停止工作，情绪失控。而思考中枢就像抚养小孩的父母，要保持创造力、耐心与毅力，使急躁的警钟冷静（比如当你在焦虑与愤怒中崩溃时）或叫醒失灵的警钟（比如当你无比胆怯、疲惫，不再关心事情进展，只想要放弃时）。

听起来，我们的大脑（尤其是思考中枢）似乎承担了不少额外工作。

但回报有时也很可观，正如父母看到孩子在沮丧之后恢复冷静时会感到欣慰，我们会感到松了一口气。大脑警钟清零带来的喜悦是人类最愉快的体验之一，而且这可不同于转瞬即逝、很快便以失望告终的快乐。

警钟清零之后，通常需要较强的压力和较长的时间才会使大脑回到生存模式中。这是因为，警钟最自然、最理想的行为模式是与思考中枢合作，而不是向它发出命令，或试图越俎代庖。大脑警钟生来便需要、也倾向于接受思考中枢的指示，这成了我们努力激活自己学习脑的最强动机。而回报便是获得一个乐于合作的警钟系统，这是能进行良好有效的压力管理的标志。

明确的人生方向

1945年7月4日，亨利·戴维·梭罗（Henry David Thoreau）移居至瓦尔登湖附近的一所单间小木屋中。过去的几年间，他一直很沮丧。他为著名作家和演说家拉尔夫·沃尔多·爱默生（Ralph Waldo Emerson）担任家庭教师、编辑助理以及维修工。但是梭罗想要写作。25岁左右时，他躁动不安，希望离开自己认为“过于文明化”的环境生活。

因此，在一位诗人同伴的敦促下，他在爱默生的土地上建了一座房子。他将SOS法则应用到了生活上。在瓦尔登湖，他开始实现自己清晰的目标：写一本书来描述那两年的简单生活。

> 我往山林去，因为我希望从容不迫地生活，面对生活中基本的事，检视自己能否掌握生活的教诲，而不至于临终时，方才发现虚度一生。

> 我不愿意过那种称不上是生活的生活，因为生存的代价是那么的昂贵；我也不希望听天由命，除非万不得已。我要生活得深沉，吮吸生活的所有精髓；我要生活得坚定，像斯巴达人一样，摒弃一切不属于生活的事物，辛勤劳作，简朴生活，将生活局限在小范围内，维持最低限度的生活。如果最终证明生活是低贱的，那么就完整、真实地了解其低贱之处，并公之于世；反之，就通过实践了解它。下一次远足时，就能对它做出真实的描述了。

这可能是长期有意识定向的最佳范例了。他的警钟告诉自己，比起留在爱默生那里，世界上有更多种生活形式，也有不同的学习方法。

他的抽身是字面意义上的，他躲入森林3千米之深，每天都只关注最重要的事情。他希望“活得从容不迫”。因此，他种植了2.5英亩[①]豆苗，以支持自己的避世生活。

每天，梭罗都格外注意身边的自然环境。他欣赏视野内的一切，并用心倾听。在瓦尔登湖，他形成了关于如何生活的大量想法。他并不是在逃避世界。听到来自现代文明的声音（如康科德车站的火车汽笛声）时，他由于无法专心聆听蛙声鸟鸣而愤怒。但他随即意识到了自己的警钟，并重新将注意力转回周围环境，因为对他而言，没什么比欣赏、倾听、充分了解自然世界更重要的了。

梭罗为写作而走进山林。但我们倒不妨说，他此行是为了寻找重要到值得一写的事物。他在接下去的10年中反复修改《瓦尔登湖》（*Walden*）一书，并首次写下了自己的经历，包括从日常生活中抽身出来

---

① 1英亩≈4046.86平方米。——编者注

时观察到的事情，长达两年两月零两日的山野生活中的每一天。他的学习脑至少又活跃了8年，长到足以创作出一部如此简洁而又深刻的巨著。

在瓦尔登湖的那段日子是他写作生涯中最高产的时期。想象一下这份快乐：只专注于对你来说最重要的技能。在沉浸于工作和周围美景的同时，梭罗得以抽身出来，为自己定向。这份能力可助他专注于重点，他用余生奋力对抗奴隶制，保护自然世界时，便利用了这一优势。

离开过山车

定向意味着我们选择专注于对自己真正重要的事情，而不是散漫地活着。现代生活如同高速行驶的过山车一般，充斥着现代科技、虚拟现实以及社交网络，这并没有问题。现代生活的旅程永远刺激着我们的警钟，这也没有问题。问题在于，大多数人从不知道，警钟已掌控了我们的人生。

决定抽身并立足当下之后，你必须切实行动起来，开始专注，让自己感觉更好。这种方法能帮助你定向于真正重要的事物（我们将在第三部分讨论更具体的步骤）。现在，花几分钟时间，列出你人生中最重要的事物。可以考虑以下选项：

- 家人、朋友、偶像、导师等人物（动物也算）
- 深情缅怀的旧地
- 想要前往的地方
- 爱好和想做的事情

- 对美好生活的信仰
- 最珍视的时刻
- 关于世界愿景的价值观
- 独善其身和兼济天下的目标

在这张列表中圈出四五条能充实过去与未来的生活、令你有价值感的项目。

如果现在你压力较大，或仍处在从过往的紧张经历中恢复的阶段，身心负担较重，就可能感到比较困难。这意味着你的警钟正再次处于掌控地位。如果大脑警钟告诉你，没有什么真正要紧的事，或没什么重要的事物能长久依靠，那就意味着思考中枢可能需要帮助和支持才能重新启动。

只要与值得信任也关心自己的人待在一起，就能获得支持的力量，你也可以寻求心理咨询师、治疗师的帮助。只要能从他人那里借来学习脑，得到耐心和支持，你就有可能从压力中抽身出来，开始定向到重要的事情上。

另一方面，你可能已发现，花时间专注思考那些带来强烈成就感与价值感的人或物，是简单而又愉快的过程。一旦做到这一步，你也许会认为自己已经搞定了紧张，即误认为列表就是解决方案。其实这只是开始。解决方案依旧是关注人生意义之源。

接下来，你需要充分利用这张写满了重要人物、地点、行为、目标和价值观的小清单，并付诸实践。也就是说，每天都要找些时间，从当前忙碌的状态中抽身出来，只关注思考列表上的某一件事物。每次选择一个念头并专注于此时，你都在脑海里创造了一片远离所有干扰的安全区。你告诉警钟，你可以控制自己。这样做相当于往一个空荡荡的金库里填充宝物。记忆中枢是不会忘记这一切的。

通过这么做，你可以教会大脑和思想如何定向。起初，定向看上去可能有点难以掌握，就像所有新技能一样。我们曾听到定向学习者这么说：

"当我集中精力关注合作伙伴时，汹涌的思绪放缓了。"

"担忧和沮丧不那么困扰我了，事实上，它们确实在我专注思考时远离了我。"

"我发现警钟反应蒙蔽了真实感受，当我将思想定向于自己最关心的人和价值观时，的确可以再次感到发自内心的希望与爱。"

学会定向并不能立即将你的身心从充斥应激化学物质的状态中解放出来。但是，只要努力练习，定向就能为你的生命带来崭新的一面，你并不需要赚大量的钱，或改变生活中的任何人物、场地、行为。定向能增强思考中枢保持清晰的能力，即使你的生活中本来就没有压力，也会获得宝贵的收获。

而当你面对压力，甚至完全崩溃了时，定向还能促进思考中枢与警钟合作，并引导警钟。按照SOS法则进行抽身和定向，可创造出短暂而珍贵的片刻暂停，从而令我们免于应激反应。这证明，即使我们遭受了剧烈痛苦，也能自行决定如何利用大脑中极其丰富的资源，这会成为我们应对紧张局面及其后果，并改变处理策略的关键。掌握了SOS法则的前两步之后，你就能培养出应对人生最困难时刻的自信，崩溃情况也会日渐减少。事实上，重拾自己内心的罗盘后，你每天都会感到压力正在减轻。

正如抽身一样，没有哪一种定向方法能完美适用于任何情况，或彻底调低乃至清零警钟。你越是练习抽身和定向，大脑神经通路就会变得越强大，你也越容易想起自己曾妥善应对了过去的压力。一旦警钟收到自控力健全的信号，你体内的肾上腺素流动就会减缓，学习脑的控制感也会增强。但是有时，我们选择专注思考的第一个对象并不能促使我们冷静或提升自控水平。因此，我们必须自测。

7

自测：读取身体的仪表盘

自测的目的是检查警钟和思考中枢的功能，以回忆起适当的信息，令我们感到安全并能够专注于最重要的事情。最初，我们的本能是动物性的。受惊后，犬只会哆嗦或吠叫；极度紧张的马匹会流汗或弓背立起；狮子在愤怒之下会咆哮。人类和这些动物一样，感到紧张时就会做出反应。

感到紧张时，我们会与其他所有动物一样，经历一系列心理情感变化——颤抖、出汗、心跳加速、感到惊慌、愤怒、抑郁。但是，我们往往不会过分关注这些应激反应，只有在无法继续忽视时才会加以注意。假如不关注自己的身心感受，我们就错失了大量的珍贵信息。

无论你是否有所意识，大脑都能像读取仪表盘一样，掌握身体反应。

战胜内心的鸵鸟

与压力有关的感觉通常都不会让人愉快，但是如果像鸵鸟一样把头埋在沙子里，对自己的感受置若罔闻，也同样会受到伤害。与压力有关的身心感受有时源于大脑警钟的信号，它的作用是提示你留心现有或潜在的危机。如果你不予以注意，可能会忽视它们——直到一切已经太迟。

在上文中，我们已经讨论了无视自己的感受是多么严重的陷阱，但是即便到了SOS法则介绍的最后一部分，我们仍有必要再次强调：忽视应激反应的感觉是不会令它消失的，正如捕食者不会由于鸵鸟把脑袋埋起来而走开一样。在现代社会，压力感带来的问题通常不在于面临捕食者的袭击，而是如果我们不加以重视，大脑警钟会持续发出信号，甚至逐步升级。

同时，关注压力相关感受，不代表一味考虑它们，使自己痛苦不堪。事实上，痛苦的起因正是我们试图无视压力感受，由于得不到重视，警钟加强了力度。动物会跟随本能做出反应，而身为人类，我们有能力选择如何利用身体提供的信息。感到紧张，或变得焦虑、愤怒、抑郁时，你可能大肆宣泄，也可能蜷缩进角落里，或者，你也可能在情绪出现时加以注意，执行SOS法则，然后以一种在当时最有助于达到目标的方式进行回应。

只要大声说出身心的感受，你就激活了大脑的思考中枢，不再只是一只鸵鸟。这样，思考中枢就可以示意警钟，你正态度严肃地将它的号召付诸实施。思考中枢的运行也为警钟提供了必要的支持，帮助它履行自己的职责，不再越俎代庖。你只要关注自己的身心感受，就能为警钟找到合作伙伴，让它们一同针对警钟察觉到的问题制定最佳解决方案，而无需依赖生存反应，因为除了应对罕见的极端险境，它基本没有存在的意义。

就像我们可以在需要集中精神并应对紧张体验时选择抽身和定向一样，我们也同样可以选择为情绪状态把脉。

发掘大脑仪表盘

你的身体和情绪为大脑提供了一个虚拟的仪表盘。仪表盘的概念起源于汽车驾驶员和飞行员，这些操纵者需要仪表盘来确保机器的众多复杂系统正常运转。电脑与用户界面的出现大大简化了机器仪表盘的视觉体验，令操纵者得以轻松顺畅地读取各种数据。就连商业机构如今也使用仪表盘来记录数据，包括生产、财务、经营表现等信息。随着平板电脑、智能手机等新科技的诞生，监控大量信息并使其易于理解变得非常容易了。

不幸的是，人体和头脑中不存在自动高清的仪表盘（至少现在没发现）。然而，只要知道使用方法，我们也能拥有内容同样丰富的虚拟仪表盘。再想想你大脑的层级结构：爬行动物脑记录我们的基本需求，如食物、休息和空气。情感脑实时追踪基础状况，例如目前警觉、快乐的程度。思考中枢能察觉大脑较低层次发出的所有信号。正是学习脑捕捉到的这一身心反馈，构成了你的虚拟仪表盘。

应激反应事实上是许多情绪的组合。这些情绪首先经由大脑警钟（通过爬行动物脑和身体神经系统）组织编排而成。我们把特定的感觉命名为恐惧、担忧、焦虑和愤怒。如果加以留心，我们的思考中枢就能持续读取身体应激反应和压力管理系统方面的几乎所有信息，类似于汽车的油门和刹车系统。

心率、肌肉紧张程度以及呼吸频次都起到速度计的作用，反映了我们的紧张程度。每种情绪都传达了某些有关生活状态的重要信息。尽管我们时常认为情绪是噪音，会令我们在更重要的事情上分心，或干扰高效决策与执行，但是这种看法是大错特错的。

科学研究反复证实，单单意识到紧张感并客观地形容它，往往就能减轻紧张感引起的痛苦。指出压力感，并描述它有多强烈和令人不适（可以按照我们建议的那样用1～10分衡量）确实不会消除紧张的感觉，然而却能增强自信，使你相信自己了解正在应对的问题，并能够处理它。

为什么指出紧张感的存在和程度这一简单动作能立刻改变你的感觉呢？原因之一在于，你需要动用思考中枢来检查虚拟仪表盘，思考它的读数。有意识地这样做，可以将精神集中于学习可能有用的知识，而不是关注警钟指令下的应激反应。警钟不在乎你感到了怎样的压力以及有多严重，它只希望你清醒过来，采取措施生存下去。但是，通过自测体现压力程度的情绪仪表盘，你可以告诉警钟你很警觉且正在行动，而这样的信息能调整警钟。自测这一简单的举措其实是属于学习行为，同时，它可能是对大脑而言最有意义的学习：你是在探究自我以及最重要的一切。

压力计

让我们像第1章开始那样，实施SOS法则的第三步。只要将两根手指放在颈边，你就能感受到心脏的跳动。同样地，无论何时你都可以检测自己的紧张程度，以及压力引发的情绪反应。你同样能测试自控感水平。让我们先从紧张程度及相关情绪开始，然后在本章结束时处理自控力水平。

我们所说的紧张，不是指你在现实工作、学习与家庭环境中应对的挑战和烦恼，而是指警钟被激发时，应激化学物质在体内流淌的感觉。

我们正在帮助你循序渐进、有意识地实践紧张的生活方式，以理解它影响大脑的方式，感受它给身心带来的变化。

以1～10分评价你现在的紧张程度，1分和10分分别代表你过去体验过的最低和最高水平。记住，紧张既不好也不坏，而只是警钟为提醒你注意某些事情而向体内输出了化学物质。

压力计的最低刻度是1分而不是0分，这是因为我们的警钟从不会“关闭”。如果你的警钟处于零分，则意味着你已经不在人世了。你不希望警钟沉睡，那样它就无法保护你的安全了。你如果正坐在室外阅读，也会希望自己能察觉云彩变成了不祥的黑色。现在，你的警钟发出的信号可能是你的压力水平较低，因为你正在享受这本书。另一方面，记忆中枢正在活跃运转，创建新文档，记载书中内容以及学习的乐趣。

你希望能衡量自己的紧张程度，也是为了能意识到思考中枢的活跃程度（从而更好地调整警钟，因为当你想要学习更多知识时，警钟就知道没什么好担心的了）。当处于在完全无压力的1分状态时，你会感到冷静而警觉：也不一定是一点压力都没有，但紧张感是有史以来最轻微的。你仿佛是端坐树下的佛祖，过去那些令人紧张的经历穿身而过。你的身体几乎没有一处紧绷，你的肩膀十分放松，感受不到半点头痛或肌肉痛。

通过回忆刚刚学到的内容，你可以感知到自己身体完全放松的时刻。不管你是否完全没有压力，都应当留意这样的时刻，因为在整个第三部分中，我们将介绍能帮助你专注定向的若干方法。凭借这些方法，你将时常能自主摆脱压力，其频繁程度会超出你以往的想象。

但是，你的警钟现在也可能处于2或3分的水平。它可能正发出某些独特但相对温和的信号，示意你需要集中精神，也许是为了使你从昏昏欲睡中清醒过来，或是温柔而坚定地提醒你调用记忆中枢记住本书内容，明天告诉朋友或指导同事。若是如此，你并不是完全放松的。

如果你此刻的应激反应程度属于中等强度，那也是完全正常的。这次，你可能将紧张程度标为5～7分。你的警钟正向全身输送应激化学物质，这要么是读到本书内的一些内容引发的，要么是生活中发生了某些与阅读无关的事情。中等应激反应完全有可能在阅读学习的过程中出现，那只不过意味着警钟在提醒你注意某些事情，而思考中枢则会通过促使你专注阅读，来抵消掉那个信号。

你不太可能在阅读时遭遇彻底的情绪崩溃。此时你的思考中枢正从文字中学习知识，将注意力集中于书页上，定向至当前最重要的事情，随后记忆中枢将把你得出的结论进行归档。

不过，如果最近发生了某些重大事件（或者你预料到未来会发生某个需要充分注意的情况），那么当我们要求你衡量紧张程度时，可能会使警钟发出一种危机前的动员信号。这时，应激反应强度将甚于你尚未思考即将面临的挑战之时。这并不意味着你自己或人生中出现了什么问题——只是警钟在提醒你事先做好准备，别等到最后一刻，也别被某个遗忘了的应激源打个措手不及。

假设你正在经历应激反应（也许真的正在经历），你可能会突然感受到一股强烈的情绪，比如怒火、内疚或焦虑。思绪加速奔腾，充斥你的脑海。你的身体如橡皮筋一样绷紧。你可能会感到自己被困在痛苦的状态中，压力超出控制，不断累积。如果这样，你的紧张程度可能濒临峰值，高达9分——虽然通常只有在面临重大挑战或威胁，需要立即行动时，这种紧张水平才应当产生，比如遭遇交通事故，或者孩子跑进了车流中。幸好，“10分”的崩溃是罕见的——它可能让你感到世界末日即将到来，生命不再有任何意义。10分的出现不是由于遇到了真正的生命转折点或具有生命威胁的事件，就是由于大脑化学物质体系崩溃（会引发严重的精神疾病症状，例如试图自杀）。即使没有真正的极端紧急情况，如果我们身心俱疲，10分也有可能出现。当我们不堪重负时，在平时得分为6～8分的事情，有可能升级为满分，因为警钟对威胁程度的认知已经与现实脱节了。

但还是别弄错了，不论是否确定自己或他人的压力值已达极限，你都应当立刻寻求帮助。救护人员、医院急救部门以及紧急热线正是为此准备的。犯错时有些安全保障总归比较好。谢天谢地，即使生活极有压力，我们也极少体会最高等级的紧张。由于本书要求你思考警钟方面的问题，你的警钟反应可能因此加强，但即便如此，我们也相信你能重新定向于享受阅读，将警钟调回较低水平，保持愉快，聚精会神。

自测紧张程度是很重要的，因为我们需要知道什么时候感到紧张是合理的，什么时候是大脑反应过度了。以一名长年累月极其努力工作却在度假时崩溃了的女性为例，此前她可能已经一连数周无视了自己的警钟，因为她觉得自己必须这么做。随后，晚餐时服务生上错了菜，其实理应只引发4或5分的紧张水平，但她的警钟却发出了9或10分的信号。经常自测压力有助于揪出错误的警钟信号，重新关注重点。在本例中，重点便是享受远游时光和美食。

当你掌握了读取身体仪表盘的诀窍时，极端应激反应出现的频率往往会降低，因为可能聚沙成塔的各种问题、危险和挑战将在早期得到察觉和解决，当时紧张程度尚不太高。身为人类，我们如果能像读取仪表盘一样读取自己的身体，意识到大脑以情绪的形式发出的信号，就能运用这些信息达成目标，将压力强度调整为自己对理想生活的期望水平。

压力的价值

你曾听运动员说道“我今天疲劳不堪”吗？那是因为他们不专心。如果你度过了糟糕的一天，怎么也无法集中精神工作，这可能是由于你的警钟激活水平太低了。自测紧张程度的好处在于，无论警钟程度是过低还是过高，你都能有所察觉。有两个例子可加以佐证：耐力运动以及公开演说。

大多数马拉松选手首次参加长达42.16千米的赛跑前都十分痛苦。即使经过充分锻炼，他们依然为要跑完这一超长的距离感到焦虑。他们的精力消耗掉了，难以专注思考完赛的目标。然而，懂得自测压力和管理警钟的选手，则能将应激反应转化为提高身体状态的能量。

著名马拉松选手格雷特·魏茨（Grete Waitz）无师自通地应用了SOS法则。1978年，纽约马拉松组织者发现魏茨已有10年职业赛跑经历，还是短距离世界冠军，于是邀请她参赛。许多重要的马拉松赛事都会雇佣一名“兔子”，即领跑员，希望能带着领先选手们跑出更快的速度。兔子们很少完成整场赛事。不过，魏茨做的可不仅是露个面、在一开始飞快地跑上几公里。

她跟丈夫将前往纽约的旅程视为第二次蜜月。比赛前一晚，她不仅十分冷静，还庆祝了一番。他们享受了4道菜的大餐，还有牛排、红酒和冰激凌。她与其他13 000名选手共同起跑，轻松完成了前19英里[①]。随后，她的做法与你运用SOS法则时相同。

她注意到自己的身体开始疲惫。她的大脑也很辛苦，作为一名习惯使用公制的欧洲人，她不知道如何将英里换算成米。她实际上不了解自己还要跑多远。这足以彻底耗尽身体的能量，但是恰恰相反，她把思想集中到一件事上了。

她在《初次马拉松》（*First Marathons*）一书中这样描写那一天：

> 我开始感到烦躁沮丧。每次看到一片树林，我都想："哦，这一定是中央公园。"但是不对。为了找回动力，我开始咒骂丈夫，因为他把我拽进了这一堆麻烦中。

想想很好笑，但当她疲劳时，专心想自己的丈夫却提升了自控感，从而降低了警钟激活水平，使她产生恰好适量的肾上腺素来维持体力。如果她一直处于8或9分甚至10分的紧张程度，为完赛而失意恐慌，那么她可能没办法跑完全程。她的最终成绩是：刷新世界纪录的第一名。

魏茨的体格确实强壮得惊人，但她获胜的力量来自大脑——更准确地说，是她将自己定向于当下生命重心的能力。

也不要被她讲故事的形式迷惑。你可能以为她把愤怒当作燃料，促使自己赢得胜利并创造纪录。但是如果困惑和疲惫激发大脑警钟，使她

① 1英里≈1.61千米。——编者注

感到压力，她也不会单单因生气而取胜。丈夫对她来说如同全世界那样重要，她集中精神想着他，以此疏导应激反应，正是这种能力大幅提升了身心状态。

我们如果能定期关注大脑警钟发出的信号，就有办法进入下一步行动，并自主选择专注于某些事情，以根据特定情境的唤醒需要，提升或降低压力水平了。

另一种压力计：愤怒程度

大多数人都可以用普通的压力计衡量和管理自己的紧张程度。不过，你还可以利用另一种更为明确的情绪，至于能否成功，则要看所处生活与环境是否使警钟反应长期处于紧张状态。衡量紧张程度的目的是训练大脑，使其意识到警钟信号的起伏，从而在特定时刻将注意力切换至重要的事情上。如果你感到压力过于宽泛，无法衡量，或者你已经体会过警钟反应过度活跃的具体表现形式（如高度焦虑或紧张），也可以选择情感脑的信号作为自测目标。

我们的客户也同样发现，愤怒是值得自测的重要情绪之一。我同事的一名客户曾根据法官命令，第六次接受了愤怒管理课程，其后他说道："我了解许多愤怒管理技巧，只要加以运用，我就能妥善应对怒气。愤怒管理技巧只会在一种情况下失效，那就是我太生气，以至于忘记用它们的时候！"

愤怒是典型的应激反应，来源于大脑警钟发出的信号。愤怒极少令人感觉良好，但也不一定会导致糟糕的结果。我们多数人的问题是，一旦生起气来，就忘记应用愤怒管理技巧。

即便对最训练有素的减压专家来说，衡量愤怒程度也十分重要。美国全国公共广播电台（NPR）的脱口秀节目《闲话汽车》（*Car Talk*）收到了来自乔伊斯女士的电话。她的丈夫饱受“路怒症”困扰。节目通常会提供车辆修理方面的建议，她却想知道怎么治疗老公。她说，他坐在方向盘后面时，就像赛车冠军马里奥·安德烈蒂（Mario Andretti）和托尼·瑟普拉诺（Tony Soprano）的综合体，后者是HBO电视台大热节目《黑道家族》（*The Sopranos*）中的著名黑帮老大。可问题是：她丈夫是一位冥想教师。

即使花再多时间学习传统减压方式，如果你不知道怎么关注警钟和它传递给你的情绪，那也是没用的。这不意味着坐以待毙，或在沮丧感中裹足不前。关注不愉快的感受并不等同于纠结、沉迷。通过专注，你可以观察并发现人生的意义和价值，正如梭罗面对大自然时做的那样。情绪像极了自然世界，通常第一眼看上去粗鄙不堪，但最终会引领你走向更深层次的领悟。

尽管单纯关注愤怒不是完整的解决方案，但在大脑崩溃时，它也能成为防止怒气长期累积或猛烈爆发的最佳方法。类似于压力自测，愤怒自测的学习和训练也最好在不生气的时候进行。显然，在确实非常沮丧或狂怒时，你很难停下把思路理得足够清楚，来判定自己的愤怒程度。然而，如果你能利用心平气和的时刻努力练习检测自身怒意，这项技能日后甚至能自动发动。能否为自测腾出短暂的一刻，将从根本上决定你是为愤怒所控，还是能在愤怒的情况下控制自己。

心平气和时进行的愤怒自测，有助于为生气时的自测做好准备。它能告诉警钟，出现微小应激源时，思考中枢无需受到持续提醒也能自动保持警觉，使警钟更加信赖身体。

日常进行愤怒自测还有另一种好处，因为你可能很生气，但自己却察觉不到。如果审慎开展愤怒自测，就有机会发现愤怒的早期特征，否则你可能会忽视它。当你不经意间发现自己在生气时，它通常还不那么极端，能够迅速被处理好。随后你掌握了警钟传递的信息，思考中枢就能在愤怒变成狂怒之前，制订周全的主动应对计划。

现在，用1～10分评判你的愤怒程度，其中1分和10分分别表示所有愤怒体验中的最低和最高水平。记住，愤怒就像紧张一样，没有好坏，只是警钟在向你全身输送化学物质，提醒你需要留心某些事情而已。

如果你的愤怒程度较低，得分不超过3分，那太棒了。不管你是否意识到，你已在留意自己的警钟，并使用思考中枢来有效应对生活中的各种情况了。愤怒程度较低表示，要么是因为你的人生中基本没有刺激因素，要么是因为（更为普遍的是）虽然你面临着常见的挫折（或甚至是严重问题），但你的思考中枢在愤怒激化之前就与警钟合作解决了问题。

如果你的愤怒程度居中，处于4～6分，这说明警钟已经发来了早期警告信号，要求你注意某些即将或已经成为问题的情况。别太快得出结论，须将此视为机遇，思考应当关注的挫折根源，比如场景和人。这种愤怒程度提供了一个预防的机会，也可以提醒你追踪某个需要预防的情况。

你也可能辨识出了强烈的愤怒感觉，得分在7到9分之间，这种情形比较少见，却很值得注意。这基本上是因为警钟发出了信息，要求你做些什么事。然而，你即使极为愤怒，如能意识到情况的严重性，也是能先深思熟虑（依靠思考中枢的建议，而不是脉搏），再采取有效行动的。

并且毫无疑问的是，如果你的愤怒等级已达最高（得了10分），采取措施纠正问题、处理危机就显得至关重要了。如果这种情况发生于你阅读本书的时候，那它的起源应该是我们激发了你的一段回忆，或使你察觉到某个之前未注意到的情况。应对这种等级的愤怒，你最好提前准备应急方案，以免警钟把你逼得暴跳如雷，或者停止并放弃。最佳解决方案永远是因人而异的，关乎你的个人以及问题的具体情况。

不过，为有效处理最高等级的愤怒，你通常需要找到自己信任、能纠正严重失常现象的人，并与他们合作。要想成功解决极端愤怒事件，尤其关键的是，不要拒绝外界的支持和帮助。

正如紧张和愤怒一样，你的任何情绪都能构成指标：成瘾冲动、沮丧、焦虑或担忧。无论如何，如果能注意到思考中枢接收的身心信号，你就可以训练警钟，并减少它在身体中释放的应激化学物质了。

对于紧张的意识使减压成为可能

就意识到自己的紧张程度而言，没有什么环境比一段亲密关系更重要了。当嘉莉和汤姆前来寻求帮助时，他们只想找到一位裁判。两人都是有孩子的职场人士，他们生活的主题就是持续消耗能量。嘉莉是一位护士，汤姆则是会计师事务所的合伙人。在工作之外，他们会载着3个孩子去运动、跳舞，以及参加生日聚会。即使十分忙碌，他们也确保每周共处一段时间。周五是约会之夜，他们总会雇一名保姆，以便单独相处，只关注彼此。

然而，问题是，在家中他们俩都不能满足对方的期望。他们给我们举了一个在日常生活中很常见的例子。汤姆负责做饭，嘉莉负责洗碗。某天晚上，汤姆决定不仅做饭，也把碗洗掉，觉得这样做帮了嘉莉一个忙。对他的慷慨之举，她原本报以微笑。可当他冲洗完餐具，着手将它们放到洗碗机中时，嘉莉的微笑变为了怀疑地皱眉。她说他洗得不够干净。他则声称已经洗得很干净了。接着，他们开始争吵，整个晚上都分房睡觉。

学习管理警钟的目标是减轻压力，而实现目标的关键是高度自觉。汤姆和嘉莉的紧张情绪并非来自汤姆洗碗的方式，而是源自他们自己的生活。但是因为没有养成定期自测紧张程度的习惯，他们也没有意识到这一点。他们意识不到自己的紧张水平常常达到4、5分甚至6分，而彼此行为上的微小变化倾向，都会提升使他们处于高度紧张状态的化学物质的浓度，使他们陷入全面崩溃。

在我们教会两人自测紧张程度之后，他们回家完成了最后一阶段的任务，汇报了发生的变化。他们仍然是两个喜欢自行其是的挑剔者，并且最近又遇到了洗碗机事件。嘉莉对汤姆洗碗的方法仍然抱有同样的反应。可他不再发火，而是在意识到自己警钟鸣响时微笑起来，并说道："你只要想着我是在帮你忙就行了，如果洗完后它们还是脏的，我保证会再洗一遍的。"

那晚他们睡在同一个房间了。

自控计

自控来自清晰思考的能力，如此一来你就会自信地知道，你能应对当前发生的任何情况，跨越出现的任何阻碍。这并不等于毫不费力、一帆风顺地完美解决问题。我们希望妥善处理压力，从而给自己希望，完成抽身，意识到生活是有意义的，即使紧张时也可以体会到成就感。

那么，为什么所有压力管理课程或书本都未曾指出，你要像关注紧张程度一样关注自控程度呢？这是因为，如果你认为压力是一种问题，而不能从中看出思考和警钟中枢之间的连接故障，那么要解决压力问题就得假装没有压力。而现在，既然你已了解大脑思考中枢在紧张感中发挥的关键作用，也知道了思考中枢和警钟中枢的合作对于优化大脑而言十分关键，那就不能忽视定期自测自控程度的重要性。

自控是一种自信，你相信此时此刻自己能够清晰地思考，做出正确的选择，应对面临的挑战。思考中枢与大脑警钟的协作情况（而不是试图无视、摆脱或关闭）决定了你能否持续将压力转化为宝贵的资源，像格雷特·魏茨或汤姆那样。

现在，用1～10分评判你的自控程度，其中1分和10分分别代表自控经历的最低和最高水平。自控听起来非常重要，但其实谈不上好与坏，而只是思考中枢在向大脑输送化学物质，使你能专心学习。自控表示你正从大脑和身体那里获知，目前自己的生活过得怎么样。

如果你的自控程度非常高，得到8分甚至更高，那很不错。可这不意味着你是天才，或比其他人优秀，而只代表你认为自己的思路非常清晰冷静。头脑清醒可以赋予我们强大可靠的信心，这对紧张而言是最好的镇静剂。

如果你的自控程度得分较低，那也不成问题，你只是有必要继续学习各种激活思考中枢并获得自控的方法。现在，执行一遍SOS法则。当学习脑被激活时，你的自控水平就会上升。你所拥有的自控力其实远比你意识到的要强，但是大多数人意识不到自己是如何遵循本能，使用思考中枢的。由此导致了一个问题：我们将无法从自己的智慧中获益。

反思的必要性

如果我们不反思，就会跟随本能做出反应。大脑的强大之处在于，它能以无数复杂的方式进行思考：想象、创造、怀疑、吸收、相信，以及适应。科学家仍在努力揭示大脑是如何向周围世界袒露自身的感受、理解自身与周围世界的关系的。不过我们确实知道，如果没有反思，我们就无法学习。

自测紧张和自控程度十分重要，因为过去的经历和记忆方式可以改变未来的生活。我们如果不停下脚步，看看到底发生了什么（及其包含的感受和意义），就无法选择自己的行为方式，而是变成了警钟的奴隶，机械地执行保护自身安全的任务，却未曾有意识地审视我们的思想、情绪和行动。

约翰·杜威（John Dewey）是教育领域的权威，他使我们明白环境会对行为产生哪些影响。作为一名哲学家与教育理论家，他也是19世纪后期“新心理学”运动的领军人物之一。他与其他学者一起，提出了“人类是适应力极强的生物，而非可以预测的机器”这一主张。在著作《我们如何正确思维》（*How We Think*）中，他使用大量描述词定义并阐明了反思是什么。在开头几页里，他介绍了一个简单案例研究，具有极其珍贵的价值。

这个故事是关于一个来到十字路口的男人的。这个男人不是本地人，不知道自己要去哪里。当然，我们知道，此刻他的警钟正在尖叫。他必须决定自己要怎么做。他爬上一棵树，想弄明白自己身处何处。他必须找到能唤起记忆的标志或其他东西。杜威称之为“歧路”时刻。他写道：

> 只要我们的行为能从一件事平稳过渡到另一件事，或者只要我们任由自己愉快地想象美景，我们就不会产生反思的需求。

简单地说，如果大脑功能良好，我们就不认为自己需要反思或自测。然而，当我们紧张时，一切都改变了，因为我们的大脑意识到出了问题。随后，他提出了有关SOS法则为什么对所有人都有意义的最重要陈述。

> 对解决方案的需求是整个反思过程中稳定的指导因素。

我们无法在充满警钟的世界里幸福地生活。只要警钟遇上歧路，你就需要解决方案了。要想找到解决方案，只有暂时停下脚步，思考自己所处的环境及其意义，考虑我们拥有的选项。

如果警钟往身体里输送了太多肾上腺素，你就无法思考了。你不能处理好简单的选择（如晚饭吃哪些健康美味的食物）乃至巨大的挑战（如你希望怎样度过一生）。如果警钟响起的频率过高、音量过大，你就不能将注意力集中于重要的事情。警钟就是脑海中鸣响的铃声，告诉我们需要反思了。执行SOS法则，是学习脑通向反思的第一步。

但是SOS法则不只是干预危机或降低危险的技巧，尽管它也有这个作用。我们不希望你直到面临危机时才使用它。为了发挥出它的最大价值，SOS法则首先是一种求生技能，也是只有在需要时才适用的求救信号。事实上，我们强烈建议，除非你已在低压及无压情况下练习并广泛应用过SOS法则，否则不要在危机之中乃至非关键性高压时刻使用它。

为什么呢？答案与任何求生技能的学习过程相同。在以每小时110公里的速度开上高速之前，我们要在安静的街区学习如何驾驶。执行SOS法则也是一样。

将SOS法则想象成一种心理维生素。定期执行是获得最大效益的理想方式。SOS法则能使头脑敏捷，增强你对身体的感知——从而提高你保持身体健康的能力。你需要将SOS法则培养成习惯，每天都透彻思考人生中最重要的事情，这样会比只在紧急情况下执行SOS法则更有价值，因为这样一来不仅能防范各种危机，还能预防死亡之外的最严重潜在危险，即：错失机会，无法创造充满幸福和意义的生活。

然而，有时我们过于紧张，难以通过应用SOS法则集中精神。这时，我们需要认识自己的应激源。

8

当你无法执行SOS法则时：认识应激源

我们即将为你介绍，如何在一切分崩离析时集中注意力。然而不要忘记，练习SOS法则是预防崩溃的最佳手段。专注精神的理想时机要么在开始尝试新事物时，要么在工作生活已告一段落时。专注能使你振奋心神，做好准备，充分利用当前的经验感受，确保自己关注脑海中的情况。

因此，随着我们进入新章节，让我们执行一次SOS法则，复习目前为止你学到的相关知识。首先是抽身。心不在焉时，你的脑海里充斥着各种此起彼伏的念头和感觉，造成了一场心理大塞车。享受此刻吧，此时你只需把自己从混乱中解放出来。

如果你感到紧张或疲劳，记住，这些都是大脑警钟发出的信号，意味着身体失去了平衡。抽身能激活你的思考中枢，令其意识到警钟的行为，从而降低身体的紧张或疲劳感。

现在我们开始定向。你已经激活了思考中枢，可以全神贯注于某件事。这是你做出的选择，因为此时此刻，它就是你整个人生中最重要的事情。目前你只关心特定的人或事，在你眼中，它比其他一切事物都珍贵。

你每一次定向至人生重心，都相当于对思考中枢进行了赋能和优化。你将内心最深处的价值观和信仰置于核心地位，以此引导自己的思考和行为。方才，你已重新掌控了自己的生活，再次获得了清晰思考的能力，因为你正面向生命的意义之源。

只需花费数秒，最多1或2分钟来进行自我抽身和定向，一切都会发生改变。仅需2分钟，你就能从警钟那里夺回控制权。

最后一步是自测。用1～10分为自己打分，1分是你经历过的最低水平的紧张，而10分是最高，目前你的紧张程度是怎样的？再用1～10分衡量另一个方面，其中1分代表最无力自控的感觉，而10分代表完全胸有成竹，目前你的自控程度是怎样的？

如果你的紧张程度超过5分或自控水平低于5分，得考虑再执行一次SOS法则。得低分的原因不是你的做法错误了，也不是你应对压力的方式不太好，而是你必须经过有意识的练习，才能运用脑科学原理获得踏实的感觉和清晰的思路。再执行一次SOS法则不意味着失败，也不表示你学得太慢，只能说明你渴望健康，愿意付出努力。唯独任由精神涣散才是失败的，这是所有人都可能犯下的错误。

既然你已经集中了注意力，便可以开始学习无法专注之时的应对方法了。总有那么几天，整个世界都像要爆炸了一样。我们视线所及的每个地方都有东西在刺激警钟。压垮我们的东西就是应激源。压力能成为生活失衡的信号，因此是非常宝贵的。同样地，我们也可以利用应激源，恢复清晰思考。FREEDOM模型的第二个技巧是认识应激源。

应激源是什么?

应激源这个名词，通常是指令人不快的事物：朋友或路人发表的愤怒言论、交通堵塞、工作截止期限、亲友亡故的通知等。当我们明白学习脑是如何意识到并调整警钟的时，应激源的内容就更具体了。

应激源，就是令我们不经思考便迅速做出消极反应的事物。当我们的警钟受某事（声响、语句、人物）激发时，身体就会被导致愤怒、恐惧、内疚、绝望感的应激化学物质所充斥。

然而，问题不在于应激源本身。我们体会到的感觉是宝贵的信息，能告诉自己眼前的一切经历是否重要。这段经历即使艰难痛苦，也可能完全值得体验——比如跑马拉松、通宵安慰孩子。艰苦的经历即使加剧了体内的紧张程度，也不一定会激发警钟。问题在于，对于一段痛苦的经历，我们不知道如何识别出其中真正的应激源。

举例而言，想象朋友说出了一番怒气冲冲的话语。它包含的应激源有：句中使用的确切词语、语气语调、面部表情、肢体语言、发生地、周围人物、这番话对你们两人未来关系的影响。在这段经历中，上述每个因素都令人不快。

面对大大小小的众多应激源时，试图确定处理办法可能就像从蜂巢中取蜜——你如果不了解自己在做的事情，就会被蜇。

另一方面，如果你像养蜂能手那样，明确地知道自己应该把注意力放在哪里，就能在被应激源包围的同时做到泰然自若。养蜂人从不试图应对每一只蜜蜂——他无视大多数的蜜蜂，而大多数蜜蜂也不搭理他。他主要关注蜂王。如果蜂王没有被激怒，那么她的部下们也一样。

当我们将学习脑和警钟用长循环连接起来时，学习脑就可以立即察觉到所有需要处理的应激源。思考中枢会尝试识别应激源，正如养蜂人寻找蜂王一样，这时我们的脑中会发生一件很棒的事情：我们开始有能力将注意力从紧张感（警钟求援）转移至对最重要事物的感受、回应或体会上面。

每个压力事件或压力情形下，都有很多潜在应激源。关键在于确定真正重要的特定应激源。无论应激源是大是小，警钟都会爆发。一旦你意识到自己的警钟在尖叫，思考中枢就会专注于找出潜伏的应激源，此时警钟就会被调低。我们的大脑即使身处一片混乱之中也能集中精神，这是极其重要的能力。当受到刺激而又弄不清原因时，我们往往发现自己的行为并非出于本意。以下应激反应绝非罕见：

- 抱怨
- 尖叫
- 捶打
- 逃跑
- 退缩

面临应激源之时，我们往往还未能真正了解情况，就出现了强烈的警钟反应。

回忆一下，你是否有过不知为何被情绪淹没的经历？或者，你以为自己很清楚原因，可却感到无助，难以控制应激反应？引发应激反应的不是应激源，而是你的警钟。

在这样的时刻，运用SOS法则实现专注可能十分困难。然而，你可以通过努力找出应激源来开启学习脑，激活大脑的优化功能。除非遇上真正意义上的生死刺激（如看到带枪的人、目击到狮子正发起攻击），我们对于应激源的反应并不是完全不可控的。如缺乏妥善管理，应激源可能会导致根深蒂固的习惯或强迫反应，比如成瘾或严重的愤怒管理问题。但研究已经证实，一旦你开始使用思考中枢认识应激源，即使是创伤或慢性压力导致的成瘾习惯、强烈愤怒或失控，也可以得到基本改善。

瘫倒在地

罗德里格斯从日常巡逻官一直做到了警探。他在部门中晋升得很快，因为他的机智与随和能安抚所有人。可是当罗德里格斯警探在工作中受到枪击之后，他就从警察岗位退休了。腿伤使他无法出外勤，虽然还可以从事案头工作，但是他没法每天面对其他警官。最终，他成了汽车销售。

他作风平易近人，富有幽默感，很快就能与客户顺利周旋。然而，当一次买卖在经销店里告吹时，情况发生了变化。有孩子意外弄破了一大束气球中的一个，随之引爆了另外四个，而气球束本来是他们为展会布置的。

不知为何，罗德里格斯突然瘫倒在地。他本来就要与一对年轻夫妇谈好生意了，而意识到发生了什么时，他走出经销店回了家。当他前来寻求治疗时，他无法工作，而且害怕在夜晚出门。他担心自己又会反应过度。即使他知道自己很安全，依然无时无刻不感到害怕。随后，他认识了自己的大脑，也了解了SOS法则的做法，意识到自己受到了那阵响声的刺激，于是自信心又回来了。他发现，出现极端应激反应并不是因为他哪里有问题，而是警钟希望保护他不再受枪击。

他意识到，过度反应实际上证明了大脑到底有多强大。应激源与警钟反应提醒了他，拥有安全充实的生活是多么重要。“这对我来说是180度的转变”，他说，“因为我曾以为自己不能应对任何响声。现在我知道，大脑正在照顾身体，即使再次过度反应，我也能向他人解释发生了什么。”

他重新开始工作。自从事故以来，他第一次与人约会，并迅速找到了女朋友。他又开始讲笑话。在最后一次治疗中，他讲到为女友的女儿举办的生日派对。当时，他走进房间却看到了一个巨型彩色气球束，心跳几乎停止了。但是他立刻确定了应激源。他在派对的不同阶段分别执行了一次SOS法则，将注意力定向至对新女友的喜爱上，以提醒自己房间里没什么他无法应付的东西。然后，当孩子们吃蛋糕时，他坐到沙发上查看足球比赛的比分。正在他打开电视时，一个小男孩在他正后方戳破了气球。那一刻，他满心只想跳下沙发。

但是他没有这样做。

反之，他站起来，走向因为气球爆炸而快哭了的小男孩，带他去气球束那里又挑了一个新的。

认识应激源的过程也是重新思考的过程

认识应激源是指你的大脑做好准备，将引起压力的警钟反应当作珍贵信息，以开启最有意义的新生活。

你能否想起自己感到失控、无法做出反应的时刻？发现他人由于受刺激而崩溃的时候呢？许多事情都能激发警钟反应。当有人朝我们尖叫，或感到自己被困在死胡同里时，几乎所有人都会受到刺激。学习脑和应激源的影响具有两面性：每个人都能在被应激源掌控之前认识到它们，而当试图认识应激源时，我们便会调动学习脑开始集中注意力。

认识应激源相当于重新思考。相比重蹈覆辙，从新角度出发重新进行思考，会更有助于启动思考中枢，调整警钟。对警钟而言，应激源意味着情况有点不对头：

- 有些问题需要修复
- 有些事情应该发生，却没有发生
- 有些任务本可以完成得更出色
- 有些情况与你的期望不符

应激源的出现不见得表明你面临着糟糕的事情。更多时候，应激源并不复杂，只是需要留意。如果应激源长期缺乏关注，其破坏性也可能超过耳旁嗡嗡响的一只蜜蜂，但是只要我们认识到了应激源，就能向警钟证明自控已经得以实现。

假设你最好的朋友是个老好人。她从来没法对人说不。多数时候这不成问题。问题在于，她总是做出自己真的不关心也不情愿的承诺，以至于开始紧张。随后她朝你抱怨。可下一次，你又听到她似乎为躲避纷争或讨好他人而随意应承，这就可能激起严重的警钟应激反应。你可能无比愤怒，几乎想朝她怒吼，甚至结束这段友情，即使情况看上去相比一天、一周或一年前毫无变化。

多数应激源都是这样的。它们起初往往只是有关他人的轻微不快或不适。有些应激源最开始就让你几乎不能忍受，但是你努力容忍，忽视应激源，往好处看。不管怎样，随着时间流逝，它们越来越让人无法忍耐。如果你等到无可挽回的地步才认识到应激源，警钟反应（包括想法和感觉）通常会发展得极为强烈，以至于你感到没办法清晰地思考、控制自己的行为。

其实不必如此。为了认识应激源，你要留意自身、生活和人际关系中的异常情况或可改善之处。认识应激源的目的不在于列出一张抱怨名单，也不是编制一张私人牢骚对象表，这样反而会让事件发酵，导致应激反应。只有警钟才会列出一张包含既有问题和潜在问题的漫长清单。

应激源及其招致的警钟反应均旨在提醒你开始思考，不要立即反应。如果你发现某个亲友让自己极度沮丧，连SOS法则都执行不了，你得想想到底是什么刺激了你。把应激源当作烦恼或借口，要么发作要么沉默回避，确实是简单多了。但那是思考中枢停滞时警钟会做的事情。

随着时间推移，当想到应激源时，记忆中枢会提示你哪些事物引发了应激反应。

通过在崩溃发生之前清晰地思考应激源，我们或许可以负起责任，听从它真心的呼唤：别再不经思考地做出反应了，关注最重要的事情吧。

MTV 崩溃事件

乡村音乐流行歌手泰勒·斯威夫特（Taylor Swift）走上了2009年MTV电视音乐大奖的舞台，她穿着一件银色亮片长袍，棕发松松地别起。斯威夫特的第2张专辑为她赢得了包括年度最佳专辑奖在内的4座格莱美奖杯，还有《公告牌》(*Billboard*) 年度艺人。

当她向MTV现场观众说“非常感谢”时，这位年轻女性一脸发自内心的惊讶和感激：“我一直在想假如有天赢得这些大奖会是什么样，但我没想到它真的发生了。我唱的是乡村音乐，并且非常感谢让我有机会赢得一座VMA大奖。”

当她准备开始说下一句话时，摄像头转向正在鼓掌的观众，给了另一位音乐家一个特写镜头。当摄像头切回舞台时，已斩获14座格莱美奖的说唱音乐家和制作人坎耶·韦斯特（Kanye West）拿走了话筒。最初，斯威夫特不知道发生了什么。随后韦斯特说：“泰勒，我等下会让你把话说完，但是碧昂斯贡献了史上最好的MV之一。”人群一片哗然。他重复道：“史上最好的MV之一。”他把麦克风交还给斯威夫特，随后离开了舞台。在全世界面前，音乐界最成功的艺术家之一刚刚受到刺激，出现了一场全面崩溃。

在《艾伦秀》(*The Ellen DeGeneres Show*) 上，韦斯特承认，他长时间努力工作，太久没有休息，母亲又刚刚过世。想想他的压力基线有多高。在解释那一晚的事情时，他说道：“有那么一刻，出于真心或者酒精，或者不管什么，你的全世界都崩塌，失去了……”他开始笑，艾伦打断了他，并说：“通常有了酒精就不叫发自真心了。”

但是在一次突击采访中，他则称："我觉得自己某种程度上像是文化卫兵。"他感到自己必须讲出那些"多年来一直遭到否认的事情……我不能再为了卖唱片而撒谎了"。

在颁奖典礼上，他筋疲力尽。长期酗酒，又失去了母亲。泰勒·斯威夫特的获奖刺激了坎耶·韦斯特的警钟。他的警钟本已处于高度警戒水平。当时，他将白人女性赢过黑人视为种族问题。无论对错，他跳上舞台是因为应激源。如果他曾有意识地认识到自己的应激源，也仍会受到碧昂斯失利的刺激，但至少可以清晰地思考如何对当下处境做出反应。那一刻，他本可以控制住自己。

随着媒体的一片哗然，他确实执行了一次加长版的SOS法则。他从名人生活中抽身出来，前往日本。然后他在夏威夷花了6个月，将注意力定向至音乐上。完成自测之后，他愿意与艾伦交谈，并道出事件的真相，令所有人都感到惊讶。韦斯特身上发生的事情，大多数人每天都会经历。我们感到疲劳。工作、子女的需求引发了汹涌的肾上腺素，淹没了我们。我们要付账单，还有太多事情没做，这种念头压垮了我们。然后，开车时我们又被人截停了，于是开始尖叫。

韦斯特向艾伦如此描述抽身的日子："是时候休息一阵子，进一步锻炼为人技巧和创作能力，更专注于我的思想和创意，专注于我想带给世界的东西了。"

此事之后，韦斯特充分认识了应激源，因此可以在全国电视节目上真诚地回顾此事，也能谈论自己的价值观和重心所在了。如果我们能在崩溃之前同样透彻地认识应激源，就能防止应激反应引发失控。自事故以来，韦斯特再也未在颁奖典礼之外的场合登台表演。

应激源对大脑做了什么

一些研究调查了经历过战争、虐待等严重创伤应激源之人的大脑，使我们越来越清楚地了解了刺激出现时会发生什么。思考一下，以往可怕的经历往往强效激活了这些人的大脑警钟，特别是在他们的日常生活本就十分紧张的情况下。尽管我们不能确切得知他们的大脑在日常生活里是怎样活动的——毕竟每天24小时不间断对大脑进行扫描在技术和道德层面上都不现实，但我们确实知道，如果人们重温一段极度紧张的记忆时，感受就和第一次遭遇这一事件差不多，那么观察他们大脑的影像时，就可以发现杏仁核变得高度活跃。

同时，他们脑中的记忆和思考中枢原本工作正常，此时却显得运转乏力。这种情况与非PTSD患者唤醒紧张记忆时恰好相反。普通人的杏仁核确实也会变活跃，但程度完全没有这么强，而且他们的前额叶（思考中枢）和海马（记忆中枢）的活跃度也很高。

对严重抑郁或焦虑人群的大脑影像研究也显示出了类似的规律，面对紧张的实验环境时，这些人的警钟反应强烈，而思考和记忆中枢则非常沉默。我们不知道如果人们的警钟系统未被创伤强化，在生活中受到压力时他们的大脑活动是否也会遵循这种规律，但答案似乎是肯定的。目前我们只能断言，脑科学研究强有力地证明了应激源能造成大脑警钟的激烈反应。但如果思考和记忆中枢同样活跃，警钟反应似乎不会升级失控，因为此时应激源实际上引发了一系列思考、反思过程，能合理做出决策，降低而不是增加压力。只有当思考和记忆中枢不活跃时，应激反应才会导致反射性决策和慢性压力。

如何认识应激源

黛比告诉我们，她每次听到丈夫说自己必须到外地出差时，都会怒气冲天。她感觉自己简直想把他塞进衣柜里，锁上门走开。

这类感情冲动之所以产生，是因为大脑警钟“看”到了意识层面尚未察觉的事物。黛比的警钟知道，假如丈夫离开，她会很孤独。她得全天工作，还得独自照顾孩子并打扫房屋。

当眼下发生的事情使我们想起过去的艰难困苦时，就是警钟在从记忆中枢中提取回忆。对于黛比而言正是如此：眼前的事情激起了她小时候父亲出差期间的沮丧回忆。只要听到丈夫说“我必须离开”，她就仿佛又回到3岁，正看着爸爸走向马路。她反复思索，他还会不会回家。

丈夫的离开唤醒了这段回忆，她发现自己又再度沉浸在父亲不会回家的恐惧中，仿佛往事会重演。

这正常吗？完全正常。大脑警钟不会成长，不管我们年纪多大，它都保持着孩子的视角。

警钟同样也无法区分过去、现在和未来。如果某件事情过去是个问题，或将来可能成为问题，警钟现在就会把它当成麻烦。

让我们整理出潜在应激源的清单，并进行一场简单的练习，确保我们有能力认识到应激源。

我们可能会感受到以下刺激：

- 人们的特定举止
- 人们的特定话语

- 场所
- 行为
- 某个日期、季节或纪念日的到来
- 疲劳、疼痛或肠道反应等身体感觉

其中哪一项立即让你受到了刺激？

现在，选择一个特定的范例：你的某次发怒、某个停止来往的人、某个伤心地。

让它在你脑中盘旋一会儿。

你能感受到肾上腺素吗？我们在受到刺激时，会明确感到警钟在调动自我保护机制。

受到刺激本身没有任何问题，不过我们通常会遗漏一点，那就是应激源对管理应激反应是至关重要的。多数人在受到刺激时都想要知道怎么办。我们或许可以实现立刻释怀的愿望，但绝不是通过响应应激源的方式。

反过来，放松和冷静来自我们对于现状的清晰思考：应激源是什么、它如何激发了我们的警钟、我们要怎样思考才能重获控制？思路清晰是必要的，如此才能应对引发警钟反应的应激源。应激源本质上是警钟判定的危险。

认识应激源的技巧在于，当抽身以确认应激源时，你可以激活思考中枢，从而开始调整警钟。或者，你也可以更早地认识到应激源，这样大脑警钟就不会钻进死胡同了。

即使黛比知道家人的离开才是应激源，也不会突然就把丈夫出门当成好事，但是她可以试着说说这样的话："给我讲讲这趟旅途呗。"如果他显然不得不出发，夫妻二人可以制订联络计划，这样她就能知道他是否安全了。如果丈夫不一定非得走，双方可以协商，让他留下。无论如何，她需要的是儿时不曾拥有的控制感。

过度反应的人真是太多了，受到刺激时，我们会整整3天都不和所爱之人说话。假如你知道这种过度反应在感情生活中有多常见，你一定会感到惊讶。

为了重获控制，我们需要确定具体应激源。泰勒·斯威夫特不是坎耶·韦斯特的应激源。一名白人女性战胜黑人获得大奖才是应激源，这在他心里代表着音乐产业的长期种族歧视。你的应激源通常与个人价值观或目标有关，意味着大脑感到有什么人或事在阻碍你的重要体验。我们要学会认识应激源，因为警钟不希望你生气或做出愚蠢有害的事情。警钟实际上希望帮助你躲避愤怒的感受和疯狂的行为，但又不擅长制定创造性的解决方案。它只知道如何指出问题，检索记忆中枢并调取出它能找到的第一条回忆，凭此确定脱困的方法。

如果你的警钟纠结于某个特定的解决方案（比如，如果另一半要出差就不跟他说话，因为你小时候想念父亲时就是这么做的），那事实上就是一种警钟反应。重要的是，你要首先认识到另一半的离开其实是一种应激源，警钟受其刺激，激活了感到被父亲抛弃的回忆。这样一来，以后警钟在记忆中枢里搜索到了第一个选项之后，你就不会立刻执行了。

我们希望能明确了解自己最在意的是什么，是什么阻碍了我们，并将这种认识植入记忆中枢存储日常内容的地方。当我们认识到自己有能力识别应激源，记忆中枢也找出了应激源时，我们就能更为透彻地认识到自己真正渴望的事物了。

其他人能激发我的警钟吗？

在介绍你能采取的最有效的定向方法之前，我们还有最后一个关于应激源的重要观点要谈：二手压力的最常见来源之一是他人，是配偶、子女、父母、朋友、同事、陌生人，以及健身房里那个总找你说话就不让你锻炼的家伙。他们可以激发你的警钟，而且确实几乎每天都这样做。在现代社会中，我们与他人接触的频率以及受到的待遇，似乎困扰着所有人。

我们常常由于他人警钟被激发而受到刺激。比如一个孩子想要冰激凌而父母不允许，他可能会不停地尖叫。他的尖叫会刺激父母，除非父母能察觉到孩子的警钟反应如何影响了自己。

一旦你开始持续关注刺激源，你就和往常不同了——培养出了应对警钟操控的能力。你将意识到，其他人之所以产生应激反应或崩溃，是因为没有使用自己的思考中枢来帮助警钟重获自信和安全感。而你不必再犯相同的错误。

例如，你正与合作良好的女同事一起参加会议。通常，当她与你的工作日程有关时，一想到要与她共处你就会很开心。但是这次，她变了。她带着强烈的抵触情绪。她的行为不针对你，可是你能感到她不同于以往。当你与家人、朋友甚至陌生人在一起时，这种哪里不对的感觉也可能会挥之不去。我们的警钟能辨别出有问题的情况。

你当天已经挺累了，同事的抵触刺激了你。如果你没有认识到警钟的反应，回家后你就会用酒精麻痹自己，而不是出去走走。你会忽视所有人，而不是询问另一半她今天过得如何。你无意识地做出反应，而不是选择自己想要的生活，因此你向周围所有人示威。

然而，当你意识到自己的应激源时，就会允许警钟停留在活跃状态，直到你确定了它为什么在发出信息（也就是应激反应）。你如果确实关注自己的警钟，就会发现警钟反应可能出现于会议之后，甚至发生在会议进行中，但你不会否认或压抑警钟。你会忍耐。

在开车回家时，你会让学习脑分析整段经历，而不是听新闻。你相信自己能找出应激源。你会和配偶一起散步，而不是去喝一杯。你会谈论为什么这些经历让你感到有压力。

如果有必要的话，你甚至可以轻松地等待几天，留出时间让头脑彻底分析清楚整个过程，这样你就能明智地做决定，接下来如何跟同事交流你对她行为的忧虑。

知道自己的最优大脑能帮助你了解应激源时，即使警钟再次发作，你也不会感到恐惧。假如我们的大脑十分清楚哪些事物对自己最重要，我们就会知道在注意到应激源之后要关注什么，而这就是下一部分的主题：记住最有效的定向和减压方法。

第三部分

免受压力摆布的3种定向方法

9

为情绪赋能

随着你越来越得心应手地令思考中枢实现专注，事实上你已能掌控大脑和身体中的变化了。FREEDOM模型接下来的3个技巧并不是新事物，而是SOS法则更深层次的应用。在朱利安的研究中，共有3种思维模式被认为是最有效的。在集中精神思考最重要的一切时，你完全可以选择引导自己的情绪和思想，而不是放任自己根据本能对环境和情景做出反应。

为了加强专注力，首先我们练习把SOS法则运用到情绪上。我们无法断言感觉和思想哪一个会先出现，但是对多数人而言，通常在我们意识到是什么想法造成了紧张之前，压力就会引发情绪。例如，当你对某个自己在意、喜爱、想要共度一生的人恼火时，沉浸于怒气中的你无法感受到爱。很多人面临的危险在于，我们会接收此时的愤怒、尴尬或焦虑，任由它们掌控人生。对于引起负面情绪的事物，我们会在人际关系中垒起墙壁隔开彼此。

其实，我们只要愿意，就有能力转移注意力，思考自己希望从对方身上感到的情绪。我们可以用快乐、温暖的回忆替代愤怒。我们将向你说明如何选择自己想要的感受，以及如何在记忆中枢中存入自己希望铭记的一切。为了加深对于自控力的认识，我们接下来要学习FREEDOM模型中的第一个E：为情绪赋能。

情绪是什么?

大脑警钟激发的每个应激反应都伴随着情绪波动。身体发出应激反应的信号时，我们首先注意到的就是情绪。紧张、流汗、胃内抽搐等生理感受是一种早期警告信号，预示着应激反应。

情绪是对思考中枢第一时间产生的生理反应的概括。许多人认为情绪来自身心某处，起源非常神秘，但真实情况没有这么复杂。情绪是思考中枢对于身体感受的思想解读。例如，当你感到恐惧时，身边可能潜藏着危险。思考中枢将感觉视为信息，致力于判断当前的情况，找出应对方法。

观察应激源的产生环境之后，接下来思考中枢要做的是总结出一条心理“标题”，来解释警钟激发生理应激反应的原因。记住，警钟引起应激反应时我们通常还没有意识到问题的所在。警钟永远在照看你。如下清单说明了特定情绪下警钟接收到了哪些信息，以及它希望你为确保安全而采取哪些行动：

- 恐惧：你可能很危险；要保持警惕。
- 焦虑：有些事好像不对劲；要检查潜在问题。
- 悲伤：有些重要的人或事消失了（也可能远离了）；要寻找新的

乐趣。

- 内疚：你做了错事；要找出并弥补它。
- 尴尬：你没达到自己（或他人）的要求；要再努力一些或明智一点。
- 羞愧：你违反了自己的基本信仰和价值观；要诚实对待自己。
- 愤怒：有人或事在伤害你或你关心的人；要保护自己或他人。
- 恶心：确实有很难闻的东西，或者这是个比方；要摆脱它。
- 惊恐：令人难以置信的可怕事情发生了；快离开!
- 恐慌：会让人丧命的可怕事情发生了；跑!
- 无聊：毫无乐趣；要找到自己想做的事情。
- 沮丧：本来可以搞定的事情却被搅黄了；要想个新办法。
- 烦躁：原本微不足道的小事正在成为大麻烦；要再想一个新办法。
- 不安：没人在保护你；记住，最优大脑永远在帮助你找到人生的重心。

你会如何处理这样的信息呢？我们往往会试图无视它们。我们试着说服自己摆脱当前的感受。我们只希望这些感觉停下来。这种普遍反应正是我们最终的反应。这是短循环的处理结果，它伴随着情感脑发出的信息。

然而，如果你留心观察情绪传递的信息，仔细思考如何利用它们应对困难和应激源，你就可以对生活负责，而不是任由情绪摆布。为情绪赋能意味着你自主选择了感受。

但是，当我们就快被愤怒瓦解，或沮丧得不想动弹时，怎么才能思考情绪带来的信息并记住它呢？为了为情绪赋能，你要运用思考中枢分析身体的语言。

在无助中赋能

乔安今年29岁，有两份工作，是有三个孩子的单身母亲。她的月收入只能勉强支付两室公寓的房租。

克丽35岁。她为了抚养两个子女，辞去了金融服务机构的经理职位。

乔安每天要么在照看孩子，要么在做助理护士，要么就在提供清洁服务。她从来没有自己的时间，也没有机会专注于自己想做的事情。只有在教堂里她才能摆脱照顾别人的职责，在那里，当她唱赞歌时，有年长的妇女监护孩子。

克丽的丈夫也是一名成功的经理，但他工作日总在出差，极少回家。他们住在一幢有五个卧室的房子里，但她却不认识自己的邻居。为了争取一点空闲，她不得不雇佣保姆。否则她连在淋浴或泡澡时都会受到干扰。她从来没有时间与成年人相处，除非在出门锻炼时——她可以将孩子留给健身房的儿童保健中心看管。

她们的故事都很平常，而当两人来找我们时，也提出了同样的沮丧和孤独感。她们并不想对孩子生气，可是两人都忍不住朝子女大吼大叫。她们都感到孩子偷走了自己的生活。

在教会乔安和克丽SOS法则之后，我们要求她们回忆与子女心灵相通的时刻。乔安讲到她长子的拼字比赛。克丽则告诉我们，当她为孩子们读睡前故事时，最有家的感觉。温暖地回忆之后，我们要求她们自测紧张和自控程度，两人都感到平静多了，发现自己能够清晰地思考孩子们有多重要了。

她们继续练习SOS法则，专注于孩子们和自己希望在生活中感受的一切，留意警钟引发的情绪。她们的生活状况并没有发生神奇的改变。乔安仍然为经济状况忧虑，克丽依旧努力独自一人抚养子女。可是，两人都拥有了在崩溃时自主选择下一步行动的能力。在我们研究退伍军人、服刑人员以及疲于奔波的男女老少时，这种成果也很常见。

那么，这两位母亲身上到底发生了什么呢？是什么使得她们明明处境不同，却获得了相似的情感体验？这是因为，她们将负面情绪当作警示，有意识地回忆其他赋予生命意义的情绪。她们唤醒的不仅是警钟情绪，而是所有感情，这一举动令她们记住了自己拥有极为丰富的情感生活。随后，她们得以选择自己要专注的情绪。

情绪和大脑

情绪相当于心理仪表盘上不同颜色的指示灯和标志。它们是身体传递的信息，意味着要留心某些事情、某个要求或某项行动建议。情绪的具体形式是由警钟传递信息的方式决定的。

应激情绪是大脑警钟发出的信息，示意有问题出现，需要补救或确保安全。如我们之前的探讨，尝试先清除负面情绪再用积极感情替代是没用的。如果上紧发条的警钟受到忽视或被隔离，它会进一步发出更消极的情绪指令。实际上，我们希望思考中枢意识到这些警钟引起的感受，这样一来，在遇到困难时，我们就知道要注意了。这些感受之所以如此痛苦，是因为当前确实有麻烦，警钟呼唤我们意识到这点，并想想办法。但是，那不意味着我们就得任由应激反应掌控全部生活。

最优情绪（optimal emotion）是指当我们专注于最重要的事物，聆听警钟的应激信息时所体会到的感受。最优情绪包括快乐、平静和满足，是思考中枢和警钟协作的成果。但是，如果未能切实应对危机（不管是真实存在的还是想象出来的危机），思考中枢就无法逼迫警钟接受最优情绪。如果警钟正处在活跃状态，压力水平就会升级，而不是认可并享受积极感情。

不过，当大脑处于最优状态时，我们就可以记住，首先要让思考中枢聆听警钟情绪，然后再加入这些反映我们愿望（基于我们的深层价值观和目标）的情绪。通过这套流程，我们能调整警钟，正确看待应激情绪。我们可以轻松地思考自己希望获得哪些感受。我们埋藏那些平凡甚至悲伤的回忆，留出空间重温人生精彩瞬间。此刻，我们既能体会最优情绪，又能拥有一段最有意义的经历，还能记住生活最美好的时刻。多少人未能充分利用这项能力，因为我们对待生活的方式只是跟从本能反应，而不是仔细品味。

当你留意到自己的情绪时，就会意识到人生有哪些部分需要做到有备无患，从而激活思考中枢，迅速理解当前局面。如果你注意到应激反应之初（或即将出现时）的情绪，思考中枢就可以制订行动计划了。情绪不会令你反应过度，而是会通过警钟来预防过度反应。情绪是让我们关注重点的闹钟。仔细注意，你会发现情绪是具有明确宗旨的——确保刺激和无法避免的警钟感受不会压垮我们内心最深处的美好情感。

别轻视信息

某天午夜，彼得开始出现惊恐发作[①]（panic attack）症状。他没有告诉任何人。身为一名成功的小企业主，他内心希望这只是睡前吃太多冰激凌引起的。他经营配件商店和修理业务，每周工作60甚至是70个小时，因此缺乏锻炼，只在有空时才吃饭。但是，惊恐发作的问题持续恶化了。

有时，他度过了漫长的一天，正沿着高速公路行驶，结果惊恐发作突然来袭，这感觉就像是胸膛即将爆开。他差点来不及把车开到路边。医生告诉他必须改变生活方式，于是彼得来找我们寻求帮助。他已经减少了工作时间，增加了锻炼，但不想使用药物，而且他仍然会在夜半惊醒。

在应激事件中，情绪成了我们了解现状的线索，能帮助我们判断问题所在，然而情绪自身也会成为严重问题。如果我们忽视或遏制情绪，它就可能升级为崩溃，表现为斗殴、狂奔或躲藏等形式。但是事实上，这不是情绪的错。若情绪看似失控了，那是因为它们受到了大脑警钟的劫持。假如警钟没有得到思考中枢的安抚，无法确定问题已经得到处理，就可能用情绪来绑架我们。

对于彼得而言，随着生意发展壮大，他渐渐开始担忧自己无法保持这样的步伐。他的家庭氛围不鼓励求助，因此彼得没有对员工提出更多要求，而是自己承担了应该分配给他们的任务。而随着他更加成功，买

① 焦虑症引起的急性情感障碍，表现为患者突然发生强烈不适，可有胸闷、气透不过来、心悸、出汗、胃不适、颤抖、手足发麻、濒死感、要发疯感或失去控制感。——译者注

车买房，他又担心这样的生活不能长久。他常年处于焦虑中，却更加努力地工作，试图将担忧逐出脑海。

这听起来很耳熟？采取常规方案，试图忽视或轻视大脑警钟发出的信息，是错误的。记住，那只会令警钟更加紧张，提高嗓门要求关注。情绪与应激源类似，假如我们不把警钟信号当真，情绪就可能因刺激而爆发为巨大的危机灾难。

另一方面，当思考中枢对警钟传递的情绪做出回应以示尊重时，警钟就会调低体内应激化学物质的水平。由此，我们会感到更加平静，而不是暴跳如雷，最终崩溃。彼得热爱自己的生意，重视他对顾客的价值，虽然他的工作过于繁忙，对前程也心有不安。但当他再次感到焦虑加剧时，他学会了唤醒自己满足顾客需求的回忆。难以入眠时，唤醒这样一种感受，能调低他的警钟。

外界环境也许依旧紧张，麻烦不断，但是警钟已冷静下来，配合思考中枢调取想要的回忆了。随后，我们不仅能利用大脑信息得知其所传递的情绪，还能借助思考中枢认识情绪。在此基础上，我们可以利用情绪明确传达出的痛苦信息，确定生活中哪些需要改变。由此，我们就会在清晰思路的帮助下，恢复冷静自信。

创作的痛苦与快乐

福楼拜（Gustave Flaubert）创作了《包法利夫人》（*Madame Bovary*）和《狂人回忆录》（*Memoirs of a Madman*）。他曾在给朋友的一封信中愁苦地抱怨："你不知道这种感觉，把脑袋攥在手里一整天，拼命压榨我那不幸的大脑，只为榨出一个合适的词语。”

这是作家的一道坎。

一个难以忽视的事实是，艺术家总是意识不到警钟的存在，这是创作天才们的一大通病。柯勒律治（Coleridge）、托尔斯泰（Tolstoy）、伍尔夫（Woolf）、福克纳（Faulkner）……不分男女，遑论老少，我们所有人都可能精神“瘫痪”，无法继续创作。凡是使用右脑的创作者（画家、设计师、演员，甚至是运动员）都曾有过这种体验。如果不知道如何为情绪赋能，任何人都无法摒除警钟阻塞创意的恐惧和痛苦，体会最佳大脑的美妙高超能力。

在第一次世界大战期间，欧内斯特·海明威（Ernest Hemingway）开过救护车，曾随公牛狂奔，还猎杀过非洲最具野性的猛兽。而当被问及世界上最令他害怕的东西时，他却说：“一张白纸。”写作障碍乃至其他任何阻碍我们思考的问题，都是焦虑的表现。我们怀疑自己，无法做到曾经易如反掌的事情。对于艺术家而言，一旦创意停滞，“瘫痪”就成了必然。但实际情况是，警钟想要保护我们免受伤害：海明威过去写得很棒，警钟不想让他未来的作品变糟糕。

海明威在《流动的盛宴》（*A Moveable Feast*）一书中描述了自己克服写作障碍的过程：

> 有时我开始写一个新故事，剧情却无法推动下去。我会坐在火炉前，剥下小橘子皮，扔进火焰的一角，看着它们飞溅出的蓝光。我会站起来，眺望巴黎的屋顶，心想：“别担心。你以前写得出来，如今也写得出来。你要做的就是写下一句真话。写你所知道最真实

的话语。”因此，最终我可以写下一句真话，从而打开思路。

注意他的第一句话：“别担心。”那绝对会让大多数人焦虑得更严重。警钟就是负责担心的。面对一张白纸，心里念着要写东西，警钟只会往你体内填充更痛苦的情绪。但是其他话语则是助他赢得诺贝尔奖的明智建议。

“你以前写得出来”“写下一句真话”“写你所知道最真实的话语”。他回忆起了顺畅写作的感觉：用纸笔成功捕捉自己真实想法时的欢愉感。那正是警钟需要的，它使我们克服了由努力搜索创意并完成作品这一系列任务带来的情绪洪流。

他也知道如何避开写作障碍。在为杂志《君子》（*Esquire*）所写的文章中，他写道：

> 最好的方法是，永远只在进展顺畅、你也知道故事的走向时停笔。如果你每天都这样做……就永远不会被困住。永远在进展顺畅的地方停笔，直到明天重新动笔之前，不要再反复思考或担心它。那样的话，你在潜意识里就会一直考虑文章。但是如果你有意识地思考或担忧文章，你就会否定之前的想法，大脑在工作开始之前就会感到疲劳。

这项建议之所以如此清晰、简单，是因为他选择了自己想要关注的事情。当他文思泉涌、故事走向明确时，他就会相信自己能再成功一次。

学习脑绝不会忘记这样一种感觉：我们已准备好第二天继续了，因为我们有重要的内容要写、画、设计。当我们知道眼前的困难因何值得克服时，一种长期的情绪模式便会形成——有能力自主选择感受。当你选择了关注饱含人生意义与价值的情绪时，也就没有什么能阻碍你创作了。

但是，如果人们不喜欢你的作品怎么办？这就带来了另一种为情绪赋能的机会。

如何为情绪赋能

情绪没有正确和错误之分，但是许多时候，我们会把它们划分为好情绪和坏情绪。我们评判自己的情绪，因为它们令我们痛苦或快乐。情绪要么是自然流露的，要么来自警钟，或者是学习脑产生的认知。

身体根据警钟来回应某一特定场景，但并不代表这种感觉值得长期保持下去。或许你小时候怕黑，相信阴影中埋伏着怪兽，但并不意味身为成年人时，黑暗也应该引发你的恐惧。

接下来我们将介绍，当产生应激反应时，或只想回味记忆中枢储存的丰富回忆时，你该如何为情绪赋能。为此，让我们回到SOS法则。无论何时，只要使用思考中枢集中精神，你便可以触达自己的记忆中枢，检索到当下你最需要体验的情绪。

让我们开始尝试。

后退一步。清空大脑。注意你的所见、所闻和所感，也可以留心周围的环境。

现在警钟、思考中枢和记忆中枢之间的通路已经打开，你可以清晰地思考了。跟上我们，进行一次短暂的思想漫游。

你最爱哪一段旅程？你在哪里（可能是家里，也可能在世界上的任何角落）能彻底抽身远离尘世？这个地方、这段经历是因哪个人而不同寻常的？放下书本暂停一会儿，在记忆中枢中回放存储的图片影像。

当你享受丰富多彩的记忆时，注意另一件事。你目前感受到的最优情绪是什么？你在记忆这段旅程或这个地方的所有绝佳之处时，怀抱的是哪种情绪？什么情绪能概括上述场所带给你的感受，并让你对身边人留下印象？答案没有对错，但你选择的情绪，代表着你在最优状态下的感受。

下面是一些例子：

- 宁静
- 愉悦
- 平和
- 快乐
- 满足
- 骄傲
- 爱
- 希望
- 成就感
- 热情
- 沉稳
- 舒适
- 有趣
- 安全

用1～10分来衡量你的紧张程度，10分是紧张顶峰，1分代表人生中最放松，感觉最美好的时候，你的得分是多少？当你执行SOS法则时，紧张程度不一定总会骤降至1或2分，但是通过将注意力集中在最优情绪上，你往往会感到思想再次焕发活力。你会感到体内的压力程度直线下滑，这是非常愉快的体验。你的生活可能依然有压力，但思考中枢已实现了专注。无论紧张程度改变与否，你都会发现，随着最优情绪的觉醒，你的自控力水平有所上升。

如果你感受到如同在海滩沐浴日光般的幸福宁静，如同目睹孩子与米老鼠玩耍的愉悦感，或是如同陪父钓鱼、伴母烹饪（或反过来）般的深深放松，这意味着你刚刚完成了一次为情绪赋能的过程。你自主选择了希望自己能专注体会的感受。在此暂停一秒——你正选定自己的目标情绪。

用1～10分来衡量你的自控程度，10分是完全游刃有余，1分是你处于最茫然失控的时刻，你的得分是多少？

你的感受不一定非得是下意识的反应。感受未必要受身边的应激源指挥，也不必任由已预先占据大脑警钟的恐惧和担忧控制。当你察觉到某种负面情绪时，你可以重视它，将它视为集中精神的警示。当你专注于自己想要的感受时，便为过去的情绪回忆赋予了力量，使它可以调整当下的警钟。

假如你无法做到，那也没什么问题。对你而言，想象自己最喜爱的一段假期可能不是引导定向的正确途径。请在执行SOS法则时，调取最能让自己体验到当下目标情绪的回忆。回忆没有深度或复杂性的要求，可以是快乐地享受最爱的美食，或与最喜欢的人共处。或者，你也可以想象春日驾车出行时，随车窗打开而涌现的兴奋之情。你能从回忆中调取这些感受，我们知道每个人都能掌握这一技巧。

但是你必须不断练习。在能证明自己可以清晰地思考之前，警钟会反复试图接管你的生活。而当你用SOS法则来回应一段引起紧张感的经历时，情绪就得到了赋能，你本人也是如此。现在，你已做好准备，可以冷静地完成一场纷争不断的谈话，因为你在过去的谈话中执行了SOS法则，而且进展顺利。现在你可以从过去的成功中汲取自信，有条不紊地承担当众演讲等专业挑战。只要常常练习将注意力定向至想要的情绪，你每天早晨醒来都会感受到自己能选择自身感觉。

过去与现在

你关怀、信任、深爱的人正在朝你大喊大叫。

你有什么感受？

这段小插曲可能使你想起了一段近期经历，或过去受到父母、兄弟姐妹、爱人伤害的回忆，从而激发了警钟反应。情绪的记忆可能汹涌而至，也许关乎一张脸庞、一个名字或一件事情。

回忆的出现是为了保证你的安全。

但是，回忆不一定能掌控你当前的感觉。无论别人因何朝你吼叫（不管是因为你有意无意做出的行为，还是他人由于偶然情况导致警钟爆发），回忆的出现都是为了防止经历重演。

但是，听到他们吼叫时感到的愤怒或痛苦却不是你仅存的回忆。在他们怒吼之前，你很关心他们。不论那感情是对同事、恩人一般的欣赏，还是类似对亲友的深深眷恋，在回忆起那场吼叫带来的恐惧和悲伤之外，我们的记忆中枢里还存储着其他可以调取的内容。如果朝你吼叫的是你过去尊敬的领导，当警钟情绪退去时，你会重新想起他的可敬之处，回忆起某些情绪，让你从中体会到这段关系以往有多珍贵。

你不会忘记有人曾朝你怒吼，但只要回想起最初使自己珍视对方的喜爱和敬意，你就能自主选择想要专心体会的情感。这无法消除或停止目前的警钟情绪，但假如你在思考未来与他相处的方式，你就获得了广泛的情绪选项。

多数人不会选择回到我们对他人的最优情绪上，因为我们没有意识到自己拥有选择的能力。我们任由警钟掌控一切。可你的情绪不是神秘莫测的。我们应当对刺激你警钟的人做出反应。同时，我们也可以唤醒自己期望的最优情绪，管理警钟反应，将这种最优情绪培养成想起吼叫者（或与之共处）时的习惯。

然而，当遇到创伤时，为情绪赋能则是最复杂的缓解。创伤是我们对于恶劣事件的情绪反馈。虐待、战争、贫困等最惨痛的创伤会留下长久的回忆，折磨人的一生。

从科学意义上看，有趣的是，同一种创伤可以伤害某个人，却不一定能对其他人造成持续性影响。目睹一场严重的车祸可能会使某个人长期受困，而真正的伤患却只是庆幸自己活下来了，很少在以后想起这件事。

人在受到创伤之后，不能立即克服它带来的汹涌情绪。同时，研究显示，即使创伤刚刚结束不久，思考中枢也可以提取出过去你曾经有过的安全感与可控感。即使在警钟激发时，你只要留心寻找，就能调取最优情绪。这就是SOS法则的力量：它能令你专注于自己当下最重要的感情。

为情绪赋能的关键在于，切记痛苦情绪存在的目的是保证你的安全。这种情绪可能不太幸福，但是却包含了两部分至关重要的信息，一是警钟对提高警觉、保持安全提出的要求，二是提醒你重温人生的核心感受。只要用心专注，为情绪赋能，就可以获得惊人的自控能力。以上是3大有效定向方法中的第一个。

10

实践核心价值观

我们将进一步加深你对SOS法则的理解，而第二个需要加强的部分是价值观。每个人都知道，有些思想特别有益。例如，在“我是个彻头彻尾的失败者，我的生活就是灾难”和“我正面对可怕的挑战，它使我远离了心理舒适区”这两个想法中，你会怎么选？显然应该选第二个想法，它真正理解了局面，让大脑以一种独特的方式集中注意力。

当我们面临不同的思想解读方式时，需要判定哪个才是真相，而我们所做出的选择，则启发了被广泛应用的精神疗法“认知行为疗法”（简称CBT）。抑郁症、焦虑症等严重的心理问题能将一个人的头脑变为负面思想的牢笼。数以万计的患者受益于CBT的治疗，认识到他们有能力选择自己的想法。

不过，即使了解了如何区分有益话语和只会使压力激化的胡思乱想，也不等于有能力找出有益想法，并在真正紧张时维持这种想法。在那时，你的所有知识看起来可能都毫无用处，无论它是来自生活经历、榜样，还是CBT之类的东西。

但是现在你知道了，当你被应激反应困在无益的判断中时，大脑中发生了什么。你仍然完好无损地掌握着所有切换思考模式的技巧。对于如何渡过懊恼的经历，专注思考有益想法，你所积累的一切知识都是正确无误的。你的大脑警钟正向身体各部位发出高压信息，而思考中枢则需要帮助调整警钟。

你不必再忍受许多模糊而又失去控制的思维碎片，看着它们在脑海中如走马灯般穿梭，反而可以选择将大脑注意力集中到最有效、最能令自己冷静的事情上。这既不是魔法，也不是心灵操纵术。警钟思维不必成为你头脑中唯一的声音。警钟思维之所以要控制身体，只是因为没有得到思考中枢的关注。你可以调动思考中枢，仔细聆听警钟思维，而不是试图忽视或逃避。

但是要怎么做呢？你需要想些什么，才能在警钟反应几乎完全阻断了清晰思路的同时，让思考中枢回归正轨？你需要完成FREEDOM模型的第二个E：实践核心价值观。

核心价值观是什么？

价值观是指你对于事物价值和意义的信念。而核心价值观则是你对最重要事物的信条。人生中总有特定观念主宰了你的世界。你参与废物再利用，是因为重视环保生活；你勤加锻炼，是因为相信身体是心灵的庙宇；你牺牲了个人需求，是因为比起自己你更看重孩子的幸福。每时每刻，我们都根据自己的价值观做出选择。问题在于，多数人意识不到这一点。我们下意识地回应身边的事物，依据警钟和情感脑的反馈中枢发出的想法而生活。

我们没有意识到，当我们在杂货店购买某个特定的食品时，当我们加班工作而不回家陪伴家人时，就是在实践自己的价值观。我们没有意识到警钟悄悄植入了某种想法，而不愿专注于真正重要的事情。例如，你正参加一场社区集会，发现有个人自己不认识。于是走向他，想做自我介绍。根据你的价值观，你希望做个好邻居，让这个人有家的感觉。随后，当你靠近时，却发现他酷似某个拒绝过你的大学老友。你心中开始打鼓："这人也可能会伤害我。"于是你焦躁不安地略过了对方，转而跟已经认识的人交谈。

我们都不想被警钟思维牵着鼻子走，但却会这样做。假如我们不知道应该专注于哪个思想，情感脑就可能压制思考中枢。我们的身体功能健全，可是大脑思考中枢掌握着警钟不知道的信息。记住，对于警钟而言，生存就是一切，而思考中枢则认为，学习才是一切。思考中枢会因所谓的"顿悟"经历而兴奋，这也是它专心学习的对象。"顿悟"经历是指你突然认识到了某种新想法，或重新发掘出了某种原本一直知道的思想，同时，这种想法能诠释你的核心本质。

当你发现有些事情对自己很重要时，你的思考中枢会向警钟发出清晰而有益的信息："这会使生活变得更好。"这样，你大脑中的合作通路就打开了。你的核心价值观能调整警钟的那些想法，它们表达的内容足够有趣，能切实完善你每分每秒的感受。

然而，这里有个思维陷阱。那些真正为生活增添价值、真正有趣且值得学习的事物，往往与最简单、震撼或好玩的东西混淆在一起。因此，无论多聪明的人，都可能受到学习替代品的诱惑，养成坏习惯甚至上瘾。

技术类陷阱包括电视、电子游戏、手机应用程序；强迫症陷阱包括饮食、性爱、购物、工作、拖延；还有更为危险的陷阱，包括暴食、催吐、赌博、酗酒、吸毒；这些陷阱在陷入之初都能带来愉悦，但却很可能演变成错误的价值观。玩电子游戏或喝杯啤酒不是错误，除非我们满脑子都是它们。它们并不能代表真正的自己，但我们却很容易产生这种误解。逃避现实的习惯、强迫症、成瘾都拥有共同的特性——它们最初总能愉快地操纵警钟，最终却产生了更多压力。

当思考被习惯、强迫症、成瘾带偏时，到底出了什么问题？当我们忘记询问自己的生命意义来自哪里，致使生活变成一团糟的时候呢？清晰地思考你的核心价值观，思考是什么令你感到自己选择了正确的人生处境和轨迹，做你相信的事情，才能真正令世界更美好、生活更幸福。

思考自己的核心价值观能帮助你优化警钟和学习脑之间的合作。此时，在压力之下，你的大脑不再回忆焦虑、恐惧等引发警钟情绪的念头，而是会唤醒你最重视的部分：能助你沉浸于美好体验的思想。

戴帽子的猫

19世纪20年代初，西奥多·盖泽尔（Theodor Geisel）开始在达特茅斯学院学习写作和卡通绘画。他被提拔为大学的幽默杂志《杰克灯》（*Jack-O-Lantern*）的主编，可随后却由于违反学校的禁酒令而遭到撤职。他与朋友一起举办了饮酒派对，因此被从杂志团队中除名，但他热爱自己的艺术。这个年轻人的核心价值观围绕着创作，因此他没有停止写作和绘画，而只是把笔名改为苏斯。

从达特茅斯毕业之后，他前往牛津读博，希望能实现父亲的愿望，成为一名教授。这工作让他感到枯燥无聊，因此他未拿到学位便返回了美国。正如盖泽尔在被开除之后依然坚持写作、绘画一样，遵守父亲的指示对于他而言，并不如创作生活重要。当他的行为与重要的事物不匹配时，大脑就向警钟发出了信号。

盖泽尔开始在《星期六晚邮报》（*The Saturday Evening Post*）等杂志上发布卡通画。他投身广告业，以在大萧条中养活自己和妻子。但是，在为通用电气和标准石油等公司绘制广告时，他仍然实践着自己对艺术的热爱。另一方面，盖泽尔在35岁左右开始创作儿童书籍，并制作插画。他的第一本作品《桑树街漫游记》（*And to Think That I Saw It on Mulberry Street*）被拒稿逾30次，可他热爱自己的作品，继续努力为它寻找出版商，1937年，先锋出版社终于买下了版权并出版此书。

在第二次世界大战时期，他想要支援祖国，因此放下了创作儿童书籍的工作。除了艺术之外，盖泽尔还是一位思想坚定的社会活动家，他支持罗斯福总统及其对于战争的信念。他为财政部画海报，甚至作为动画部门的一员而参军。尽管查尔斯·林德伯格（Charles Lindbergh）等名人反对美国加入战局，但盖泽尔还是尽心尽力地埋头苦画飞翔的英雄们。他也使用自己的才能来训练军队：创造一系列“大兵斯纳夫”的故事，角色的胡言乱语成了向从军者们警告战争危险的最成功途径。无论是为了维护还是加强战斗准备，他都用自己对绘画的爱，实践了另一项核心信仰：美国有必要参与这一场大战。

当战争结束时，他搬到了加利福尼亚州，回归儿童图书行业。他热爱绘画，也喜欢在某个新生项目中成为意见领袖，1954年，他找到了把两者结合到一起的机会。他读到了《生活》(*Life*)杂志上的一篇文章，讲述了美国儿童文学面临的日益严重的问题。问题简单明了：枯燥无味的阅读体验不能吸引孩子们学习。因此，盖泽尔以“苏斯博士”(Dr. Seuss)为笔名创作了《戴帽子的猫》(*The Cat in the Hat*)一书，书中使用了223个6岁儿童必须掌握的词汇，而这类词总共只有348个。

他继续围绕核心价值观工作，开始写作一系列的识字读物，比如《绿鸡蛋和火腿》(*Green Eggs and Ham*)和《圣诞怪杰》(*How The Grinch Stole Christmas*)。今天，他的书籍刊印了超过2.22亿本，数以亿计的孩子借助它们学习阅读。盖泽尔一生未育。有报告称，他甚至不喜欢与孩子们相处。可是他热爱自己的艺术，也热爱用诙谐的画面和语言改变世界。

苏斯博士到底发现了何种能令所有人清晰思考的工具?

核心价值观与大脑

我们一生都在“发现”自己的核心价值观，途径包括反思自己最重要的经历，以及把其中有意义的部分转化为赖以为生的思考。这种经历随着时间的流逝而浮现。在达特茅斯时，盖泽尔并不知道他将教会世界阅读。他爱画画，也有坚定的信念，但是意识到自己喜欢沉心思考哪些内容，却不像说的那样简单。“我会抓住脑海中的第一个点子然后咀嚼它，因为这最容易。”如果他真的追求容易，那么他可能早在被逐出杂志之后就停止作画了。他没有把自己获知的第一件事当成核心价值观，否则他会像父亲希望的那样，成为一名教授。

如果你想要训练思考中枢的学习能力，就不能抓住第一个点子不放。假如警钟告诉思考中枢“应该”想些什么，或我们在努力遵守他人告诉我们的“正道”，那就意味着我们的思想已经晕头转向或陷入停滞。当大脑处于生存模式时，思想会承受巨大的压力，这是因为警钟试图阻止我们受到身心伤害，从而发出了应激反应。

那么，思想到底来自哪里呢？思考行为始于感知和感觉。借助五感，我们的身体可以在任何物理环境中生存发展，五感也提供了流入脑海的关键信息，例如我们正一起观看电影。在经过受控爬行动物脑的调节之后，身体处理这些信息的第一个步骤，就是将它们以化学和电子的形式向情感脑和学习脑输送。

大脑将海量感官输入信息整理成为一系列文档。这些文档以化学反应和电子脉冲的形式，在我们的感受中构成观念。

大脑的不同区域会以不同形式参与感知数据向观念转译的过程。为了理解应激反应，我们专注于大脑的某些部位，它们毫无疑问是应激反应下仅有的思考活动的参与者，但也是舞台上的焦点。

警钟创造生理感受，后者又会转变成为情绪，脑科学家已经发现，情绪与思想糅合在一起时，会在我们的生活和记忆中留下长久的印象。经由情绪填充过后，思想会变得更为强大坚韧。它们能捕捉到我们的注意力并牢牢抓住，即使我们宁愿自己没什么特别的想法。这种情况的常见案例是，有时我们就是没办法停止脑海中的歌曲，或者在某个特定广告的驱使下，每次去杂货店都想买饼干。

有的情况则比较严肃，如受到他人言语的伤害，怎么也无法忘却；还有经历过创伤（即便事情已过去很久），导致了“我毫无价值”的想法。幸运的是，混合了情绪的思想也可能是积极的：一场动人演讲所带来的能激励我们一生的观念，或是帮助他人完成对其而言重要的事情。

但是，我们何时才能产生有意识的思考？答案似乎显而易见：一定是大脑思考中枢接收了情绪冲动，并将其打造为智慧思想的时候。没错，但是在思考中枢展开行动之前，它需要感官和情绪之外的更多信息——语言。

语言是思想用来表述身体感觉和情感脑感受的途径。语言并不来自思考中枢，而是源于情感脑和学习脑众多部位的共同努力。然而，发挥关键作用的还是大脑记忆中枢。

记忆中枢与全大脑皮层的交流，类似于图书馆管理员从书架上收集书本。这时，信息尚未形成语言，其实是回忆自身还没有拼接完成。你知道，有时脑中会发生这样的情况：你感觉自己知道某些事情，但没办法找到合适的词语来形容。脑科学告诉我们，当人们搜寻某个想法时，记忆中枢会从整个大脑中调取数据和文档，借此寻找信息。如果我们还不知道自己的想法，那么这次搜索就是在警钟和反馈中枢的指挥下进行的，它们要求记忆中枢去查询潜在问题或乐趣的相关信息。

当我们在理清思路之前试着弄清状况时，记忆中枢调取文档依据的是警钟和反馈中枢传递出的情绪。如果警钟示意你产生不耐心、无聊、悲伤、焦躁或愤怒的情绪，你往往会想起过去引起同样感受的人或事。如果你的反馈中枢得到了积极信号，你便感到快乐满足，往往会想起与那些较愉快情绪相关的经历想法。

但是有一个小小的例外。反馈中枢如果没能获得它所依赖的化学信号（基本上以大脑分泌的化学物质多巴胺为主），就会刺激警钟。这时，你会迎来激烈的警钟反应，比如强烈的渴望。不仅如此，假如警钟与反馈中枢同时在调取回忆，前者往往会压过后者。如果你的警钟发出了无聊失意的信息，即使反馈中枢想要从生活中找些兴奋点，记忆中枢也更可能去提取无聊或失意的相关文档，而不是兴奋和快乐。

因此，警钟信号几乎总会决定脑中的第一个想法，特别是当你感到紧张时。但是它们确实还不是完整成型的想法，只是残存的回忆。而回忆并不一定是你当前真的在想的事情，只是符合警钟目前感受的过去想法。准确地说，你根本还没开始真正的思考。你只是受到了与当下感觉类似的情绪回忆的摆布。这解释了为什么我们往往会重蹈覆辙。我们下意识地回忆，而不是主动思考，所以思路并不清晰，也缺乏建设性。

但是故事到此还没有结束。大脑具备思考中枢是有原因的。正如情绪能划分为警钟情绪和最优情绪两类，思维也可以。警钟思维较为冥顽不化，是过去麻烦和危险的残留记忆。因此，意料之中的是，警钟思维会刺激大脑继续往身体里狂灌肾上腺素，引发紧张的生理感受，使潜在的崩溃成为可能。另一方面，最优思维则可以表达你的核心价值观，并开启思考中枢和警钟之间的交流。

当你激活了思考中枢以辨识大脑正产生哪种思想时，你的自控水平便提升了。当你找到最优思维时，警钟便会调低，因为它知道你已明白当前真正重要的事情了。发掘自己的最优思维（核心价值观），可能不会获得立竿见影的成果。然而，我们不能忘记，如果你坚持思考哪些事情最重要，终将获得成功。

升级

太多人陷入消极思想，是因为沦为爬行动物脑和情感脑的囚徒。我们从一位客户那里听说了下面这个故事。这位客户已度过漫长繁忙的一天，正在学习消除情绪波动。

当艾米丽结束工作回到家时，她总是疲惫又饥饿，但也因回家而兴奋。她的丈夫是全职爸爸，有天在她回家路上打来电话说做了她最喜欢的晚餐。她便产生了最优思维："他真爱我。"

她走出汽车，抓起早上用来盛咖啡的马克杯。随后，她从地上拿起挎包，挂在肩上。接着，打开后备厢取公文包和路上取回的干洗过的衣物。然后，当她回头关车门时，挎包从肩上滑落。它突然滑向手肘，撞飞了马克杯。马克杯弹了好几下，然后"砰"的一声掉到水泥地上。

马克杯是金属的，可能摔过之后连个凹痕都没有，但是那并未使艾米丽的警钟停止爆发。首先，她的警钟情绪比较温和：有点烦心。但是接着她形成了一个想法，变得怒火中烧："哪怕我丈夫随便找一份工作，我的生活也不会这么紧张。"随后，她产生了典型的应激反应。紧绷的警钟情绪涌过全身。她感到极度愤怒，几乎要扔掉挎包。不久前她还那么开心，心怀感恩地回家与家人团聚，完全沉浸于与好老公的爱情中。现在，就在突然之间，艾米丽崩溃了，准备马上去告诉他，在自己心里他有多失败。

这是一个完美的例子，展示了警钟思维是如何令我们脱离冷静快乐的状态，被裹挟到强烈的情绪洪流（例如激怒、挫败或恶心）之中的。此时，我们必须汲取核心价值观的力量。即使一切已土崩瓦解，或看似如此，艾米丽仍然爱着自己的家人。经过漫长的一日，马克杯事件即刻反映出她已筋疲力尽。她的爬行动物脑尖叫着想要食物，警钟则高喊着必须改变生活的某些部分以保证安全。但是她有充分的理由努力到筋疲力尽：为了家人。

这种时候，我们可以执行SOS法则，先抽身，再定向至一个简单的念头："我爱我的家人。"你最不该做的事情，就是怒火冲冲地进入家中。你不能对自己说："别生气。"你应该生气：你又累又饿，活得很艰难。但是你可以阻止情绪的洪流，只要抽身并定向至这个念头："我爱我的家人。"

这几个词会点亮你的学习脑。现在你的思考中枢知道了自己的需求：能展现一些想法、感觉和画像，告诉你家人对你有多珍贵。这一简单的认识能赋予思考中枢力量，立即向记忆中枢发出要求，搜索之前类似的想法、感觉和画像。你可能仍然需要处理警钟形成的感受和思想。但现在你将拥有核心价值观（你对家人的爱）的力量与支持，能帮助自己重获希望，清晰思考，做出最佳决策，而不仅是感到紧张。

如果你通过自测完成了SOS法则，但自控水平低于必要水平，那也不意味着核心价值观不起作用。也不要因此认为你在挑选核心价值观并进行定向时，做得不够好。这只表示你需要更多时间（也许只是几分钟，有时更长），才能将思考中枢完全专注于核心价值观。或者，这也许是因为当前你持有其他同等分量甚至更重要的核心价值观，所以你可能需要实践不止一个核心价值观，来获得你所寻求的自控感。

记住，在直接应对紧张挑战时，提升自控力的不是你的行为，而是你对于指导思想的选择，只有它能带来真正的自控。受到核心价值观引领时，你可能仍然感到高度紧张（如果警钟一直告诉你存在问题或威胁），但是你有十足的把握相信，无论自己选择怎么做，都不仅有助于应对压力，还能践行核心价值观。

在头几次应用SOS法则定向至核心价值观时，我们的客户无法调低自己的压力，但是她并没有放弃。放弃是一种不幸的警钟反应，绝不是最好的选择。反之，通过持续不断专注思考对她来说最重要的事物，几周之后，她就几乎能在应激反应产生的同时形成自控感了。警钟冷静下来，应激反应自然就消退了。

她每次进入车库时，都会想到即将与丈夫和孩子分享的晚餐。那一刻，无论感受到多么强烈的应激反应，她都会想："我爱我的家人。"通过充分实践，核心价值观成了她每天晚上的关注点，也成了冷静与希望的源泉。她并未摆脱应激反应，却拥有了若干新技能，可以令自己不只是咬紧牙关应对警钟发出的痛苦信号。她知道，无论警钟反应有多激烈，自己总有能力根据目标选择要专心思考的事物。

核心价值观实践的练习

你能看到，著名艺术家、商人和公共服务者每天都实践着自己的核心价值观。但他们不是成名之后才开始这样做的。岁月强化了他们的真正信仰。特蕾莎修女（Mother Teresa）离开修道院帮助加尔各答街上的穷人，是因为她感到自己必须生活在有需要的人中间。她那时没有名气。她的警钟一定因为要帮助那么多伤患而尖叫过。因为她行了这么多善事，所以才吸引来了媒体。在生命的最后，她因为孤儿院条件和捐款安置方式而受到批评和审查，但她没有停下。她继续专心帮助穷人，如今，4 000名僧尼接替了她的工作。

还有一个例子也能体现核心价值观的实践成果，那便是来自弗吉尼亚州罗阿诺克市的约翰·米利亚（John Melia）的经历。在2002年，他与亲友一起发起了受伤老兵项目。1992年，约翰在索马里的一场直升机事故中严重受伤。他希望确保政府提供的援助满足受伤老兵的需求。今天，他的组织已帮助数千名退役军人克服战争带来的心理与生理创伤，开始新生活。

正如数以万计的其他退伍老兵一样，米利亚经受了极端应激反应的折磨，这在恐怖的战争中很常见。他意识到，战争对军人的身心都造成了伤害，因此他决定致力于帮助士兵治愈创伤。他没有任由伤痛主宰生活，纵容自控力离去，而是实践自己的核心价值观：对军人同伴的忠诚和为他们带来希望的义务。由此，实践核心价值观向人们带来了平和感，并让我们在压力下为周围人做出无价的贡献。

警钟思维不仅不是糟糕的问题，也不与最优思维构成对立。警钟思维是最优思维的重要组成部分。警钟思维能为我们指出安全和生存之上的确切核心价值，并精辟地证明我们确实在意它们。警钟向身体灌输的思想不仅有助于规避麻烦，还能告诉我们现在的想法不符合真正的信仰。例如，担心我们是否能信任某人的想法确实很有帮助。它提醒我们思考：这个人是真的对我感兴趣吗？他们确实是我能信任的那种人吗？这样的思考和留心，能让我们唤醒自己，启发生活的新选项。

我们每个人都拥有不止一种主宰生活的信仰，就像犹太教与基督教信仰中的十诫。但是，总有一项价值观能超越其他的。现在，随着你开始学习实践核心价值观，我们希望你找出这项核心价值观来，因为如果你不知道真正驱动着自己人生的是什么，这样的混乱很容易把你拽回警钟世界。

在一张纸上，列出五条能定义你自己的价值理念。它们（包括观念、场所、人）就是信仰，对你来说无比珍贵。

当我们向研究对象或顾客询问这一点时，最常听到的回答是家人。我们希望家人们能健康、强壮、拥有支持。然而，这些人在希望家人幸福健康的同时，也挣扎于成瘾或虐待问题，常常选择把时间花费在工作或享受其他爱好上，而不是陪伴家人。在现代生活的高压力和快节奏的刺激之下，警钟世界会很轻易地降临。

并且，每遇到一个刺激到你的想法，就说明同样的情况中也存在相应的最优想法，能表达出你内心最深处、最核心的信仰与思想。当你能够从警钟思维中把它们辨认出来时，你就会体会到控制感和生活的价值。

再看看你的列表。为了思考核心价值观的构成，你还可以想一想，所有价值观中哪一项是你可以为之做出最多牺牲的。你愿意为哪项价值观每天工作20小时？你愿意为哪项价值观贡献所有财产？你愿意为哪项价值观献出生命？

我们督促你以极端形式思考，是因为我们希望你能认识到人生中有些事情是如此重要，因此即使面临性命风险也无法使你崩溃。你的思考中枢总能见证你成功渡过危险，只要你的思想和选择接受核心价值观的引导，它们将赋予思考中枢力量。即使你体内正奔涌着肾上腺素，所有警钟激发的生存系统都处于活跃状态，只要核心价值观成为向导，思考中枢就有能力与警钟合作，使你的思路清晰到足以产生控制感并实现自控。

当我们专注于最重要的价值观时，就不再处于应激反应的任意摆布之下。运动员战胜了当下的压力，父母一边照顾生病的小孩一边取得惊人的工作成就，医生在生死攸关的局面下完成了高难度手术，教师在上最后一节课时依然能鼓励学生——所有这些都体现了在面对现实压力时，人们是如何实践自己的核心价值观的。即使警钟正发出令人紧张的信息，他们也能遵守人生最重要的观念。

你心灵最深处的核心价值观是什么？

把它标出来。

现在，执行一遍SOS法则。抽身。定向至那个观念上。你的紧张程度怎样？你的自控水平怎样？

当我们想到自己有多爱子女，专心思考自由时；当我们考虑改善社区环境、享受工作内容时，警钟便被调低了。警钟知道我们最重要的事物正处于思想的核心位置，便会调低自己——那时它就没什么好担心的了。

面对极端压力，人们几乎不可能立即唤醒一段最优思维，以成功抵消“我是个失败者”之类的警钟思维。实践核心价值观的技巧在于，你需要趁着还没有压力时，展开反思，对核心价值观做出清晰的定义。这样，当你发现自己身处警钟世界里时，大脑就有了一套明确的思想目录，可供汲取力量，而不是由于思考不当而回到负面情绪的循环中，进而做出人人都可能遇到的不良决策。只要了解了自己的核心价值观，即使是处于紧张时期，你也能坚持专注于重要的事情。

积极思维为什么不总能奏效？

如果你感受不到积极力量，你能为调整警钟采取的最糟糕措施，就是试图要求自己思考“积极”的想法。在那样的时刻，默念“我爱我的生活”可不太妥当。如果你刚刚收到了一份令人痛苦的健康情况诊断书，失去了工作，或与爱人分手了，警钟就受到了刺激。它不想要你受伤，因此当你遭受折磨或感到痛苦时，它就会向你灌输化学物质，让你记住自己真的不想再体会这种感觉了。

假如我们明确抗拒麻烦即将到来的显著信号，试着告诉大脑一切都好，大脑就会试图更努力地保证我们的安全。大脑知道我们无法控制周围的环境，因此继续施加保护，即使这意味着我们将会失去理智。结果，在消极经历面前，我们越是努力积极地思考，感觉就越糟糕。

积极思维只有在真实表述了核心价值观的情况下才有效。记住，为了开始实践自己的核心价值观，你首先必须认识到，警钟情绪和思维是你正经受应激反应的信号，也是激发警钟的刺激源。其次，警钟思维必须不仅是苍白无力的愿望。

积极思维往往无助于使我们感到更幸福、冷静或更有自控力，因为它们是伪装起来的消极（警钟）思想。例如，想想这句话：“我现在最重要的事情是摆脱这堆破事！”从遣词造句的角度来看像是一种最佳思想（“我最重要的事情”），但核心内容其实是警钟思维。它纯粹与处理麻烦或撑过麻烦有关，而无关人生意义和价值。警钟思维的目的在于安全和解脱。最优思维则旨在赋予生活价值，它是你最珍贵的人生部分。

为了实践核心价值观，你关注的内容必须由真正在意的一切构成。

处于健康危机之中时，思考“我会好起来的”不能调整警钟，但类似“我相信医生能治愈我”的话就可以做到。如果你失业了，想着“我会找到下一份工作”可能让你更紧张，但想着“我渴望面对这份挑战，找到能使用自己技能的新地方”或许就有帮助。显然，如果你不信任医生，或者讨厌找工作，上述想法就不是正确的。不过，它们代表了典型的建设性思维，你必须这样思考以调整警钟。

《周六夜现场》[①]（*Saturday Night Live*）的搞笑大师斯图尔特·斯莫利（Stuart Smalley）曾经在表演的结尾说道：“我很优秀，我很聪明，管他呢，人们喜欢我！”这非常有趣，因为通常我们不够优秀，不够聪明，未能受到众人喜欢，也无法做成我们真的想做的事情——但是我们可以成为这样的人。

有效的积极思维专注于最重要的正面事物，而不会敲响你的警钟，也不会专注于你认为需要避免、逃避或弥补的事物。并且，当我们思考日常生活的驱动目标时，积极思维是其中最为珍贵的。

集中大脑注意力的下一步是，区别警钟和最优目标。

① 美国著名综艺节目。——译者注

11

确定最优目标

我们将继续介绍使用SOS法则的第三种方法：关注你的目标。通过每日多次的目标关注练习（而不仅是直到有时间和空间时才反思），你可以选择要度过的人生类型。大脑警钟不知道如何在产生下意识反应之前停止发作并开始思考。例如，如果有熊在背后追你，警钟发出的信号要么逼迫你逃跑，要么让你装死。警钟只希望你安全。如果你遇上的是一头黑色或棕色的熊（看上去是头北美洲灰熊），高度超过成人且健壮有力，那么生存专家们会推荐你装死。但在这种情况下，谁会有时间思考后面追来的是哪种熊？而这就是问题所在：由于压力的影响，在状况得到缓解之前，大多数人都会把真正的目标搁置一旁。这时，我们的目标便不再是面向最重要的事物生活，而是生存。面对紧急伤害事故时，能生存下来当然好。但多数时候，在生活中，我们想满足的不只是生存需要。

你可以通过留心警钟和最优情感来为情绪赋能。留心警钟思维，再关注能反映生活重心的事物，这能锻炼你的核心价值观。FREEDOM模型的字母D，说的是确定最优目标。

目标是什么？

目标是你用来保持生活充实的工具。目标可以是个性化的，也可能是大众化的。目标有时是你在日常生活中的愿望，有时是你希望付出时间后能达到的高度。目标可以是一种感觉、一件物体、一段感情或一个观念。无论哪种目标，都具体描述了你希望在未来获得的某些事物，并表达了你愿意为追寻它而贡献时间精力。

目标正如情感和思想，可以被划分为两种：应激的警钟目标以及专注的最优目标。每种情绪和思想都导向一个目标，无论我们能否察觉到这一点。当你专注地使用SOS法则时，目标的组成部分既包括警钟正在寻找的一切（安全、保障、问题的解决），也包括你根据自己的感觉需求和核心价值观需求而想要达成的成就。

警钟目标的典型例子存在于童年时代：当我们还小时，几乎每个人都曾说过："我要离家出走，再也不回来了。"激起你警钟的冲突，可能小到吃了一块不该吃的饼干，大到在家庭中遭遇了创伤事件，但是我们的应激目标却是一致的：我要离开这疯狂的世界，展开新生活。

当你意识到某个目标是应激产物时，思考中枢就被激活了。你可能仍在凭情绪下意识地做出反应，但是思考中枢已经开始专注思考了：最终决策到底应该基于生存，还是对美好生活的追求。我们教你的每个技巧都旨在打开学习脑和生存脑之间的通路。意识到目标能回应压力时，你便有机会改变侧重点，将精力投放到最优目标上。

最优目标是你构建美好生活的希望和梦想，它们不会在获得你关注时往血管里灌输肾上腺素。这并不意味着，你如果是登山运动员或赛车手，在比赛中就不会启动生存脑。但是，当你思考自己的需求时，最优目标就能形成高度自控，在充满大量肾上腺素的环境下保持专注。专注就是，了解你当前的感受。即使是不舒服，也是值得体验的。

到达世界之巅：珠穆朗玛峰（故事二）

1982年，马克·英格里斯（Mark Inglis）和他的同伴菲尔·杜尔（Phil Doole）被困在了库克山（又称云之巅）的一处冰洞中。这座山有两个名字，云之巅是由当地新西兰土著命名的，意思是“给云穿孔的机器”，而库克山的名字则来自英语，用此纪念巡游新西兰的第一位船长。它是新西兰最高的山峰。一阵恐怖的风暴将英格里斯和杜尔围困了超过13天。

英格里斯自幼便梦想成为登山者。11岁时，他定下了要攀登珠穆朗玛峰的目标。他的职业生涯始于一名登山搜救员，那是在1979年，当时他20岁。当人们询问他成为登山者的原因时，他戏谑道：“我的橄榄球水平太糟了。在新西兰又没有其他事可做。”正如他的新西兰同胞埃德蒙·希拉里爵士（Sir Edmund Hillary，登顶珠峰第一人）那样，英格里斯希望把征服世界最高峰定为自己的最优目标。

当英格里斯和杜尔获救时，他们两人都清楚自己被冻伤了。他们预计自己会失去几根脚趾，那样还算幸运。但是1个月后的圣诞节前夜，英格里斯进行了手术。他在圣诞节早晨醒来，发现双腿膝盖以下的部分都被截去了。想象一下当天他的警钟状况。他只想终生从事登山事业，而现在，他却失去了双腿。

接下来的一年中，他成了制酒商和滑雪运动员。他在2000年的残奥会上赢得了一枚自行车银牌。但是那还不够。他永远不能忘怀那11岁以来唯一的最优目标。整整24年后，经过令人难以置信的训练和准备，在2006年5月15日，他成了登上珠穆朗玛峰的第一位双腿截肢者。

目标是如何在整整24年间，驱使一个人艰苦锻炼，试验器械，应对登山前、登山中令人无法想象的挑战的？攀登珠峰总共花了40天。在攀爬较低的位置时，他的一只假肢摔断了。他一边等待大本营送来备用假肢，一边用胶带修补了一下。

最优目标使我们有能力利用警钟发出的各种信息，甚至包括极端疼痛和现实危险，并且专注于能令人生完整而有意义的事物。头脑在精神真正集中时，可以调动肾上腺素和警钟的力量，抬起压在孩子身上的汽车，做到看似毫无可能的事情。

纪录片《珠穆朗玛峰：超越极限》（*Everest: Beyond the Limit*）记录了英格里斯的攀登过程，其间他和团队甚至遇上了另一位当天死于山巅的登山者。在筋疲力尽又严重缺氧时，他们的警钟无法停止尖叫。但是英格里斯的目标极度清晰，即使爬过出现遇难者的区域，也能持续前行。任何人的大脑都会因他做的事情太疯狂了而尖叫，但是他拥有自童年以来便一直引领自己的目标，这将他送上了世界之巅。

目标和大脑

目标存在的意义是什么？

通常你会根据良好的生活常识做出回答：有目标是好的，因为它们能让我们规划生活，挖掘人类潜能。但是我们有另一种更简短的答案，与你所想的不太一样。在大脑看来，个人目标定义了我们的身份。目标就是我们的身份认知。目标反映了核心价值观和在生活压力之下需要面对的问题，而当我们根据目标思考行动时，就能创造出一个独一无二的自己，以抵挡一切应激源。

没有目标，我们就只能依靠爬行动物脑和情感脑下意识地对周边环境做出反应。这就是为什么青少年会不断尝试不同身份，像穿脱戏服一样。从青年至成年的成长过程中，我们内心最深处的目标成了记忆中枢的核心文档，驱动着学习脑的发展。成年人有更为成型的身份认知。它可能随着时间进化或改变，但我们生活的目标不会因为新的相遇和挑战而解构。核心身份认知就是我们自己，它的基础是基本价值观形成的目标，将引领我们全身心投入每日的重心中。

基于警钟目标的身份认知几乎永远是压力导向的。警钟目标不会引导我们成为应当成为的人，而是促使我们采取似乎有助于逃避问题或满足成瘾的行为。警钟目标使我们凭借短期满足和长期问题来标识自己，两者都用于修复紧张之下的内心空虚和残缺。

比如，假设你的人生总是围绕着特定的电视节目，或追随名人的生活和事件。你对于电视节目或名人本来抱有健康的兴趣，后来却变成了迷恋。这是极端情况下的警钟目标。事实上，所有的成瘾都是警钟目标过度膨胀，占据生活的结果。这种渴求或痴迷最后定义了我们的身份。

警钟目标常常制造出死循环，以判断我们是否困在其中。其中第一道线索是“我必须拥有什么”或“必须逃离某人某事”的感觉。那是警钟在向我们提出目标，此时，我们越是努力达到目标，就越感到紧张。因此，完成警钟目标往往不能令人满意。警钟目标其实与我们的人生需求和价值无关，而只在于获得尚未拥有的东西，或离开令人恐惧的事物。

在思考警钟和最优目标的方式上，我们的思考模式正如加拿大女诗人玛格丽特·阿特伍德（Margaret Atwood）形容“自由的来源”和“自由的终点”时说的那样。她阐述道，如果以逃避或摆脱危险作为目标，我们便总在防御。另一方面，当我们自由地追求真正的价值时，就超越了逃避痛苦的做法，并踏上了追求幸福的道路。

最优目标引领我们认识到自己在生活中是什么样的人，又能成为什么样的人。最优目标是信仰、价值观和希望的代表，如亚伯拉罕·林肯（Abraham Lincoln）所说，是“我们天性中最美好的、天使般的一面”。定向于最优目标的人生不见得没有压力和错误，但当每一天、每一段旅程终结，你回顾生活时，会感到一切都值得。

更频繁也更有规律地关注反映真正价值观的目标，我们就能给思考和记忆中枢提供机会，平衡警钟目标带来的压力，与此同时依然重视警钟，理解它本质上是为保护我们，帮助我们立即满足自己的需求。例如，一项最优目标既会平常得如享受美食滋味（但仍然很重要），也会深刻得如给孩子机会成为自己想成为的人。

最优目标所定义的身份，不仅构成了我们自身行为和他人观感的基础，也使我们能专注于生活中自己所知的正确且重要的事物。虽然具体情况因人而异，但每个人都有可能拥有。

长期目标和短期目标

假设你想要成为一名米其林星级餐厅（Michelin star）的主厨。能让这本创始于1900年的美食指南宣称你做的食物是世界最棒的，是一种至高无上的荣誉。但是现在，你做的菜只是盒装芝士通心粉。你观看了一场厨艺秀，想到把人生都奉献给美食就感到很兴奋，并决定成为大师级主厨。你上了几次烹饪课程，尝试了自己的想法。经过几年的认真测试，尝试了《烹饪的乐趣》（*The Joy of Cooking*）中的每一道菜之后，你仍然无法罢手。你准备放弃现有的工作，成为职业厨师。你依然想要开一家米其林星级餐厅。那座餐厅就是一个长期目标。

一名歌手想在大都会歌剧院（Metropolitan Opera）演唱；棒球选手想加入美国职业棒球大联盟；教授想获得终身教职；作家想出版一本书。我们建立的长期目标就像山巅，能成为动力。它们是我们未来想要拥有的经历。当我们梦想着这些目标时，它们不会引发警钟。它们是世外桃源，思想能在其中漫步，品尝到一丝达成超凡目标将带来的快乐。

我们的长期目标通常与警钟的恐惧以及引导思考中枢的核心价值观有关。首先，你可能察觉到了长期目标包含的价值。但假如警钟突然开始传递焦虑的信息，怀疑你最终能否达成，也别感到惊讶。警钟不想我们失败，因此它们不让我们停留在对未来的兴奋中，而是担忧甚至恐惧着阻碍梦想实现的一切。

因此，我们也需要短期目标。伟大的厨师一开始训练时，也在反复做最简单的练习：刀工、基础调味料，将肉和蛋烹饪至刚刚好。如果他们一边切胡萝卜丝，一边想着获得米其林星级餐厅，那么手指可能会被切掉。如果他们获得第一份工作时，就高谈阔论自己作为厨师可能获得的荣耀，而不是尽好流水线厨师的本分，做出完美的摆盘，就可能永远无法领会伟大厨师所必需的技巧和艺术品位。

短期目标能使我们专注当下，令警钟保持受控。短期目标既包括来自警钟的输入信号（以保持我们的安全和对突发情况的警觉），也包括人生最重要的事物。每个短期目标中都潜藏着与长期目标相同的重要深层价值观和希望——只要我们花时间仔细观察。短期目标直指我们对于未来的真实愿望。

延迟享乐为什么如此困难

随着我们通过专注于短期目标来实现长期愿望，大脑可能会让延迟享乐变得很困难。数十年前，学者们研究了人类千年以来的认知，并得出结论：面对眼前的小奖励和延迟的大奖励，我们几乎总是选择回馈快的一方。这可能是明智的选择。既然现在就必定能得到一些东西，那么为什么要等待可能永远不会获得的事物呢？

有人执着地继续寻求较大的延迟快乐，有人则认为当前的小诱惑更吸引人，让自己无法抗拒，两者之间的差异是什么呢？基因和人格可能扮演了一定的角色，但是研究显示，延迟享乐的关键在于认识到更大的奖励是存在的。

在实验室研究中，当心理学家给老鼠提供小勺糖水或小块食物等小份当前奖励时，它们会选择立即享用而不是等待大份的延迟奖励，除非它们被频繁地提示有更大奖励存在。当它们认识到，某一特定线索的出现（例如光芒点亮笼子）意味着大奖励来了，它们就会停止享用小奖励，而是尽可能长时间地做别的事情，以获取大奖励。

通常，我们的自控力比动物更强大。但我们未能谨记，未来会有更大的奖励。我们要么去做无助于满足真实需求，但更简单、令人愉快的事情，要么使大脑长期处于警钟之下，以至于每天都疲于应对逃避威胁和痛苦的来源。我们怎样才能点亮自己的光芒，记住生活中不只有暂时的放松和眼前的微小享受呢？

要专注于最优的短期或长期目标，关键在于警钟、记忆中枢和思考中枢的相互作用。大脑警钟会做出一些强迫性决策，例如受工作问题困扰而酗酒。

对警钟而言，任何延迟都是等太久。记住，警钟永远只为现在服务，因为它不理解过去、现在与未来的区别。如果反馈中枢辨识出某些想要或不想要的事物，就会示意警钟向身体发送信号。如果这是一种能安抚警钟的奖励，警钟也会立即不顾一切地想要得到它，即使接下来要采取的行动与最优目标相悖。

或者，你可以选择确定自己的最优目标，然后有意识地专注于它们。大脑在专心达成最优目标时，会调整反馈中枢和警钟发出的强迫性信息。当思考中枢知道自己最看重的是什么时，就如同你头顶点亮了一盏明灯。你出于下意识反应想要得到的那些东西，突然就变得没有最终愿望重要了。

练习区分警钟目标和最优目标

你可能认为SOS法则在区分情绪和思想方面非常有用，但那只是开始。了解了警钟和最优情绪及最优思维之间的区别，你就做好了准备，可以进入下一个关键步骤：将感觉和思想转变为目标。

最优目标的基础是需求而不是欲望。很多人都想成为百万富翁（如今，这一目标可能是亿万富翁了）。但是我们需要的不只是一堆金钱，还有安全感、成就感、充实感。钱看上去可能像是幸福或尊重的保障，但事实上只是帮助实现幸福或尊重的工具而已。

当我们心满意足地回首时，最优目标就是我们得到的奖励或成就。基于下列特殊问题执行SOS法则，你或许就可以确定最优目标了：在我已经拥有的一切里，哪些是完整而有价值的人生的必需品？

让我们试一试。记住，在无压力条件下练习SOS法则，当警钟响起时，大脑就能学会自然而然地应对压力。

首先，后退一步。深呼吸几次或闭眼倾听。

现在，专心思考你已经拥有的、能赋予生命价值的事物。

你正定向于什么样的思想？

接着，两种目标浮现了。你的警钟创造的目标类似于："我需要变得受欢迎""我需要比别人更聪明、更成功"。如果你的目标类似于"我需要离开这份工作或这段感情"，那你需要清楚，它们虽然是值得考虑的重要目标，但主要与生活中缺失或有问题的部分有关。它们是警钟目标，而不是你的人生重心。

再次清空你的大脑。再次专注思考你已经拥有的重要事物。你所拥有的一切中，那些能给予你幸福、自尊、自信和希望的事物。你所拥有的一切中，那些已经让生活变得更有价值的事物。将注意力集中至你需要，但尚未拥有的事物上。留出练习的时间和空间，放慢节奏，选出一项能丰富你生活的东西：

• 一段感情。对方是你怀有深刻爱意、友情或敬意的人。

• 你喜欢做的事情。你在开展这件事之时受到了吸引且产生了兴趣，事后还获得了成就感和满足感。

• 来自自然、艺术或运动的事物，只要看到或听到它，你就能收获深刻的快乐和充实。

在定向至最优目标之后，请用1～10分衡量自身紧张程度发生的变化。再以1～10分衡量你自控水平的变化。只要你能清空头脑，完全专注于最优目标，紧张程度可能会变，也可能不变，但是自控水平一定会上升，即使幅度较小。那是因为你以最强有力也最完善的方式，激活了大脑学习中枢。

你已经根据内心最深处的信仰整合了情感、思想和目标。通过应用SOS法则，专注于最优目标，你照亮了真正的自己。你正在激活自己的记忆中枢，这不仅是为了确定最优目标，也是为了让它在未来有需要时，变得更加显著且易于触及。

定期基于最优目标执行SOS法则，你会知道自己是什么样的人。你要预先让大脑做好准备，这样在警钟发作时，自己就能采取两步新的措施了。首先，警钟信号会激活思考中枢。对此，你如何才能获悉？最初你会发现自己在想：“我知道警钟已经受到刺激，这意味着我要关注自己的需求和愿望。”多次练习SOS法则之后，这会成为自然而然的举动。接着你会想：“我现在要专心想什么，才能使自己受到人生中真正重要事物的引导？”

其次，思考中枢会激活记忆中枢。过去，记忆中枢通常是由警钟激活的。因此，紧张的感觉、图像和观念总是频繁地掌控着头脑中的一切。思考中枢无法介入，难以帮助记忆中枢摆脱警钟思维，让记忆中枢寻找、定向与最优情绪、思想和目标有关的记忆。

但是如今你知道，只要选择一个你已经拥有的最优目标，确保它能使生活回归正轨又充满价值，再全神贯注地思考这个最优目标，就能帮助记忆中枢成功介入思想，并向记忆中枢发出一条比警钟需求更具刺激性的信息，以平衡警钟需求：在我的脑海里找出一件麻烦与生存以外的事物。最优目标能使记忆中枢提取你目前需要的内容，以保持冷静和自信。即使在压力之下，最优目标也能帮助你为自己和所爱之人做出正确的决策。

只要坚持每日应用SOS法则，专注于最优目标，你就可以改变自己，不再受困于压力和警钟的要求，开始关注自身需求和达成需求的经历，从而摆脱紧张感。技巧在于，你要有意识地使用思考中枢和记忆中枢，这样就能有所体会。

每个警钟目标都包含一个最优目标

每个警钟反应中，都涉及最优目标和警钟目标。例如，你的孩子跑上了马路。这刺激了你的警钟。那时，你不会去想自己的长期目标是要培养出一位富有同情心的世界模范公民。你面临即刻的警钟目标：保护他的安全。你会尽你所能，让他离开危险的道路。

然而，你的下一步却是根据长期最优目标来的，即把他培养成聪明体贴的人。虽然孩子已经安全了，但由于体内充满肾上腺素，你可能仍旧想朝他大声呵斥或咆哮，那是警钟反应过激的表现。

如果你事前构想过明确的最优目标（如希望孩子在成长过程中知道善待他人），一旦孩子脱离危险，这个目标就会引导你的大脑，将注意力集中于最重要的事物上。

因此，你没有打骂孩子，而是坚定地告诉他，不要再松开你的手跑入车流中，并确保他理解你的意思。当天你又提醒了他几次以免遗忘，但是你没有让警钟引发下意识反应，即使发生的一切让你紧张。

我们专注于最优目标，因为我们不希望生活在警钟世界里。有些人的自我认知中充满了安全感，而有人的自我评价却很低，区别就在于，在会使自己面临刺激的情况之下，是否花费了足够多的时间来确认自己真正需要的东西。很多人从不把时间用在这件事上，因为他们意识不到自己可以拥有最优生活。

第四部分

最优生活

12

优化选择

目前为止所学的所有知识（包括大脑如何工作、如何专注、你可以专心思考哪些事物来调整警钟），都说明了你可以永远掌控自己的生活。如果警钟爆发，或处于过激状态太久，你可能会感到无助。但是你比自己以往所想的更强大。你建立了此前从未有人传授过的新观念。当我们感到自己的警钟响起时，当我们意识到体内充满压力时，可以应用SOS法则或认识应激源，以激活思考中枢。

现在，你在生活中遇到了压力。无论这种压力关乎工作还是家人，是来自当前环境还是目的地，特定场景、人物、地点都会令你的警钟往体内输送压力。总体而言，为平衡警钟应激反应输入的信号，我们可以将注意力定向于最重要的事物，使思考中枢关注最优情绪、价值观和目标。选择调整关注点是一种能力。下面我们将介绍FREEDOM模型中的“O”：优化选择。

警钟命令使我们保持生存和警觉，但命令不是选择

你总有选择的余地。无论何时，选择是我们决定人生路线的自由。应激警钟发出命令，但这不是你的选择。处在生存模式时，大脑警钟要求你战胜敌人，逃离危险或解决问题。警钟命令不是一种选择，因为它使你不得不感受、思考、寻求或执行特定事物。这种指令可能是危机下的最佳处理途径，但却不是真正的选择，因为警钟没有考虑到你心目中对于整个人生（或至少当下）最为关键的事物。

当你面临的问题只能依靠斗争、逃跑或一动不动来解决时，警钟命令或许是最佳“选择”。警钟命令迅速而强大，当你遇到危险或麻烦，只有生存模式这一个选择时，警钟命令是不可或缺的。

然而，如果我们纵容警钟控制身体，任由命令取代选择，那感觉就像是我们完全被不可控因素控制住了。上司的怒火、糟糕的经济、粗心的配偶……各种激发警钟的应激源和充斥身心的思想感受互相争斗撕扯，若我们无力阻止，就必然成为这场战争的输家。

若你如此放纵警钟，这种思想就会控制你的脑海，使你认为人生即是好与坏、正确与错误之间的斗争。这种“非黑即白”“非全即无”的观点是警钟的专长：在大脑警钟看来，你的处境如果不危险，就一定很安全；如果没有受伤，就一定很健全；如果没到虚弱无力的地步，就一定彻底掌控着自己……警钟看不到其他选项。

当应激反应将我们置于“自动驾驶模式”时，它就剥夺了我们真正做出选择的能力。但是，只要警钟、思考中枢和记忆中枢一起合作，选择就不只是一种可能，而是势在必行的，即使你身处最极端的压力之下。

最优选择

你就是自己想成为的人。无论何时，只要感到应激反应，你就可以抽身，并意识到自己无需机械性地做出反应。此刻，你可以选择停下脚步，将思想定向至自己想要学习的事物上。在看到朋友的轰炸电话或同事的愤怒邮件之后，你会明白最好的应对方法是帮助对方远离警钟世界。如果他们知道自己可以选择，一定会选择另一种生活方式，但这扇门却被警钟关上了。

你可以做到理清困境、问题和危险，拨云见日找出机会。即使这不是你与生俱来的天赋，却可以成为你选择的道路。假设你的孩子被停学了，当前你的警钟反应可能是把孩子送去军校，或朝学校发火。采取何种反应措施既取决于你能否察觉到警钟，也取决于你能否意识到自己可以选择如何处理警钟反应。

警钟世界中的人们会下意识做出反应，对孩子或校方人士勃然大怒。而如果你选择享受最优生活，就会意识到，即使孩子被停学，也有助于你发现对孩子有意义的情况，比如他的教育状况、他与学校的关系。

要做出最优选择，而不必付出代价的情况是很少的，但也不存在不可接受的弊端。如果某种选择具有众多优势，同时也要求人们付出大量严峻的代价，那它绝不是最优选择。朝校方咆哮甚至走极端，对你自己或孩子不会有帮助。发泄一时怒气的感觉或许很好，但是这种选择却一定会引发更强烈的警钟反应。无论遇到怎样的情况，你几乎都可以从中发现包含学习机会的最优选择。

显然，为了做出最优选择，我们必须思考。在心平气和时发现最优选择要比紧张时容易得多。在理想情况下，我们应当事先利用空闲的冷静时刻，真正专注于重要的事情，把局面考虑透彻。在双方见面之前想好话题，会让一场初次约会简单得多。此外，每个人都有自然而然做出绝妙决策的时候，有时你甚至正处于危机之中。因为大多数最优选择实际上是提前决策好的，我们只是没有察觉到自己之前已做好了预想。

我们不能预测每一个潜在的重要选择，更不用说无数种没那么重要却有可能发生的情况——每天都有人改变自己的选择。没有人能对所有关键抉择未雨绸缪。并且，即使我们已经预演过某次选择，往往仍需根据实际情况进行调整，衡量收益和代价。我们能做的是，即使是情况无比恶劣，也确保自己完成抽身，保持思路清晰，考虑所有选项。

圣诞休战协议

1914年第一次世界大战期间，堑壕战的可怕程度无法言表。有一千万人死于这场战争，两千万人受伤。人们肩并着肩，眼看炮火片刻不停地撕裂土地，地面上泥土和尸体混在一起。德国人发明了他们最爱的枪械，这意味着一旦出击推进战线，便会立即出现伤亡。持续不断的爆炸，延绵不绝的污秽寒冷，没有哪个时代的年轻人曾经面对过比这更惨烈的局面。相同情况下，西方前线上的死亡率是二战期间的两倍。

但是，在1914年的圣诞周，奇怪的事情发生了。处在对立阵营的军人们开始一起庆祝节日，这令双方指挥官感到不快。战争始于1914年夏季，当时还处于早期阶段，两边简陋的战壕只相隔30～70码（约27～64米）。双方互扔炸弹的时候，完全可以咒骂彼此。战争还没有发展到使敌对双方断绝交流的地步，因此当家乡寄来美味的圣诞食物，政府送来香烟、巧克力时，快乐的士兵们就把主旋律由摧毁变为了庆祝。

对于当时德国人是如何发起停战协议的，故事有很多版本，事实上那可能始于一份巧克力蛋糕和一张请求停火的小纸条。一位英国《每日电讯报》（*The Daily Telegraph*）的随军记者称，英国接受了协议，并赠送了烟草作为回礼。在这一特殊的时刻，德国军营开始高唱《平安夜》，并将蜡烛摆在沙袋上保护战壕。德国人大声呼唤英国人一起唱歌，但是英国人表示："我们死也不会唱德国歌。"一个德国军人反唇相讥："你们如果唱了能难听死我们。"

有关这一慷慨幽默之举的传言扩散开来，第二天，炮火和枪声减弱了，有时甚至彻底沉默了。德国人将圣诞树悬挂在战壕的胸墙上，并缀以点亮的蜡烛，这种日子持续一个礼拜，人们整日欢歌。从圣诞节到新年，这一周左右的时间里，处于对立阵营的士兵们一起跑到无人之地，以各种方式给敌方战壕送礼，这种情况并不少见。

战场是最能激起警钟反应的地方，到底是什么使这些士兵专注于体验最优世界？

虽然警钟试图保护我们的安全，学习脑却始终在努力向意识输入其他选项。任何一方的军人都不希望在淹水发臭的战壕中过圣诞节。即使双方指挥官的全部警钟目标都是打败敌人，可人类大脑总是更加渴望建立感情连接，摆脱压力。当他们意识到当前战局在控制之下时，虽然只有一周时间能够享受美好生活，也会着手建立自己的最优世界。

寻求帮助

德温一直是职场的超级明星。她大学一毕业就加入了目前所在的这家广告公司，需要承担的责任也逐年增加。29岁时，她就成了公司历史上最年轻的总监。然而，她却要辞职了。

在会议中，她试图装出惯有的热情。与客户在一起时，她展现出通常的魅力，为客户的宣传活动贡献创意。这份工作曾使她比所有朋友都幸福，如今却让她想要展开另一段新生活。

当德温来到我们的办公室时，我们请她谈谈自己什么时候开始感到紧张。她谈起了一个无论如何都无法取悦的客户。团队做的每件事都是错误的，即使那正是客户要求的。因此她更加努力。她在这个客户身上花费了最多的时间。她的努力使得公司保住了这项业务，得以继续与该客户合作。她讨厌为他们工作，可是这又占了她每年工作的很大一部分，也是她得以晋升的原因。

我们询问她是否有其他选择，她回答说还没有。我们又问她工作中最喜爱的人是谁，她的脸色亮了起来。她谈到自己的领导（也是合伙人之一）。她能随时破门冲入他的办公室。我们又谈了其他事情。

我们问，她是否与领导谈过自己的感受。

她说："当然没有。我不能让他认为我没有能力应付客户。我们当然一起抱怨客户，但是我不能求助。"

我们问她为什么不能。

她答道："因为我不想让任何事情阻碍我成为合伙人。"

我们问，她能否独自完成所有项目。

“当然不能。”她睁大眼睛说。

我们问，如果她请求合伙人帮忙对付难搞的客户，会被视为软弱还是强大。我们提高嗓门质疑：如果合伙人明确表示希望帮助她，而她却隐瞒自己真正的需求，是否会引起合伙人的担忧。

当天离开办公室时，她制订了一套明确的计划。虽然她本人害怕请求帮助，但我们帮她排演了与合伙人沟通的方式，围绕能使她专注于满足自己需求的情绪、价值观和目标，实施了不同版本的SOS法则。

在下一次咨询中，她告诉我们自己选择了求助。合伙人一直惊讶于她能做这么多事情，很高兴地提供了更多协助资源。和我们沟通时，她的语气中满是重新爱上工作的兴奋。

反应链条与最优路线

在面对工作、家庭甚至战争时，是什么使我们选择和平而不是暴力，比起胜利与死亡，更重视人类的生命和目标的价值呢?

在压力之下，我们的身心感受、价值观和目标常常在很大程度上取决于警钟反应。遭到上司咆哮之后，一个人会立即产生应激反应。接下来他的想法会是：“我必须离开这里。”这种情况下，随反应链条自然产生的警钟选择可能包括找下一份工作、咆哮回去、辞职。

遵循最优路线的人们则在警钟反应下采取不同的途径。如果感到应激反应即将来临，他们会暂时抽身。他们不必运用SOS法则，就能意识到自己的身体正处于生理紧张状态，并评估感受到的情绪。这种情绪自察能力使他们能注意到与上司有关的警钟思维，并使用各种疏导情绪洪流的最优思维来执行SOS法则。随着压力的降低，他们不再想着逃跑，而是选择了最优目标，例如理解上司反应的诱因，努力修复关系。这种情况下，他们会通过最优路径发现各种选择，包括等上司冷静后找时间谈谈、请同事帮忙想想下次面对这种局面该如何应对等。他们可能仍然认为上司的反应令人无法接受，会选择换一个上司或换一份工作。但这不是他们下意识的反应，而是深思熟虑之后的决定，它有助于健康和自控，而不会对此造成损害。如此一来，他们就清零了警钟，而不是全凭警钟反应进行决策。

圣诞休战协议中的士兵们也走上了最优路线。他们的大脑很容易被压力困住。恐慌感可以演变为暴力思想或杀戮等行为。但他们开始关注节日温暖，希望建立情感连接，并念及世界和平这一目标，这些思想的变化使他们选择了庆祝而不是战斗。

你的身体是一座圣殿

无论何时，我们都可以任由反应链条占据大脑，也可以选择基于最优世界做出最优行动。

假设你目前筋疲力尽又饥肠辘辘。

这句话就能刺激你的警钟，也确实会产生刺激效果。原始人类几乎完全依靠警钟生存，奔波于两大主要目标，即食物和安全。记住马斯洛的需求层次理论：人类完成进化之后，也并未丢弃一系列日常生活的主要需求。因此，想象你很晚才下班回家，又锻炼了一小会儿，进一步饿得前胸贴后背。情况因此更糟了，你已经不在乎自己驾驶的是豪车还是普通车了。大脑认为你回到了古代，它想要食物来维持你的生命——立刻，马上。

你有两个选择：一是蔬菜、汤，以及你本周制作的新鲜面包，它们正静静躺在冰箱中等候为你补充营养；二是黏稠、滚烫、几秒就好的芝士汉堡，它们就在回家路上的建筑中，唾手可得。你此刻缺乏能量，只想让自己舒服一点，而芝士汉堡里夹着的材料可谓诱惑力十足。

你通常会怎么选？

几乎每个人都会选择立刻拿起汉堡包（或者任何其他食物，只要不是你自制的完美健康餐）大快朵颐。问题在于，你实在过于饥饿、疲惫或紧张了，以至于无法像我们刚才介绍的那样集中注意力。这时，再执行一次SOS法则的想法听上去太荒谬了，至少是一种残忍得不寻常的自我惩罚。

我们必须不断辨别哪些是警钟反应对生存需求的回应，哪些是为生活带来更多意义的选择。这是因为，我们每天都会多次遇上这样的三岔路口时刻。如果我们的饮食、行动均受警钟驱动，按照警钟的期望行事，贮存卡路里、保存能量、做让自己舒服的事，我们将永远不会离开沙发，就算离开也只是为了前往最喜欢的酒吧、餐厅（作为每周对自己的奖励）。

毫无疑问，我们不应该纵容自己享受诱惑。我们应该更多地思考怎样生活才能实现思想专注，做出健康的选择，仔细品味特殊奖励。

再想想那黏稠的芝士汉堡。你都能闻到香气，对吧？

这表现了你记忆中枢的强大，而你能利用这种能力过上想要的生活。你如果出于警钟选择吃下黏稠的芝士汉堡，甚至不会仔细品尝它的滋味。大脑会让你在还没离开停车位时就狼吞虎咽地吞下它。那符合你的欲望，但不符合你的需求。

如果你人生的意义来自赢得快速吃饭的吉尼斯世界纪录，请果断吞下汉堡。如果这是你一周一次的“贪吃时刻”，请卷起袖子咬一大口。但是对于大多数人来说，我们冲动进食是因为没有关注其他可行的选项。

这种情况之所以发生，不是因为我们不够聪明，懂得不多，而是因为随着疲劳感、饥饿感或其他日常身心压力达到顶峰，我们就忘记了要抽身，要将思想重新定向至最重要的事物。就消费而言，最优选择应该是充分仔细地思考什么更重要。这样一来，当需要做出决策时，我们就会受到知识的指引，而非遵从警钟的进食指令。

总有些时候，你做出的选择不是最健康的，因为你确实只关注了享受，但是这种决策也是警钟（“我想要那个，我必须拥有那个，快！”）和思考中枢（“我知道我能信任自己把握快感的能力，不会一直沉溺享受”）的合作成果。你做出了真正能满足自己的选择，不仅因为这令人愉快，还因为这是思考中枢和警钟一起完成的判断。

选择走上最优路线

如果你知道自己的最优情绪、价值观和目标，你就已经充分认识到了自己的最优选择。以下是原理。

让我们最后再执行一组SOS法则。

抽身。用你喜欢的方式（无论是观察、倾听，还是呼吸），放慢节奏。像擦黑板一样放空思想。

现在让我们完成一系列定向。

首先，选择某种对自己最重要且最有益的情感，进行定向。感受此刻你想要的感觉。寻找出具有类似情绪的记忆，感受它。如果进行得不太轻松顺利，想想你曾经感受到的那种最优情绪的时刻。如果有其他情绪冒出来也不要紧：你可以借此机会学习把注意力转向自己想要的感觉。

接下来，选择某项能表达核心情绪的价值观，继续定向。如果你选择感到高兴，想想哪种思想能让你开心起来。如果你选择放松，想想能使自己神经松弛的观念。

然后，选择某个最符合你正关注的最优情绪和思想的目标，再次定向。例如，如果你关注的情感是快乐，思想是“我喜欢感觉良好”，那么你可以选择的最优目标包括：“我将建立一段能让自己被爱的感情”或“我会从事让自己开心的工作”。

最后，用1～10分衡量你的紧张程度和自控水平。

看到自己刚才的做法了吗？我们能做出的一个最重要的选择是定义自我认知，这样学习脑总会拥有可触达的最优记忆。定义自我认知能减轻压力，提升清晰思考的能力——这是自控的精髓。自我认知并非凭空出现。只要曾在现实中体验过某个最优情绪、思想或目标，你就可以选择专注于此。

使用SOS法则来发现自己美好强大的一面是至关重要的，但总是为多数人所遗忘，而这又是我们每天都能做出的最优选择之一。在压力之下，如果你能回忆起最优世界中的情绪、价值观和目标，找到最优选择并付诸实践就容易多了。你过去已经感受了最优选择，遵循了自己的价值观念，也实现了目标。最优选择无非是这些成功的延续，只要遵循最优路线，你永远有可能在未来继续成功。

回形针

我们提出下列问题作为最终提醒——每时每刻你都可以做出数以百计的选择：你能想起回形针的多少种不同用法？

当然，回形针能把大量纸张整齐地装订在一起，但它是不是也可以扣住手包，防止纸片掉出？回形针能用来打开特殊的锁、悬挂圣诞树装饰、戳破聚会用的气球、按下儿子电子游戏机上小小的重启按钮。思考回形针的全部用法的意义在于，你有能力想出自己的选项清单。

我们已经抛砖引玉，请再想出一条。

你能做到吗？

那再想一个呢？

第三个？

第四个？

事实上，你可以为这枚柔软的小金属想出各种不同的用法，比如文艺的用法（做出女儿娃娃屋中的一把装饰椅子）、实用的用法（夹住纸币）。但我们发现，面临压力时，我们往往无法调动学习脑。即使是圣人和大师，也有头脑短路的时候。无论情况如何，我们都有多种选择，但是在太多时候，我们却任由警钟爆发出肾上腺素，让强烈的情绪淹没潜在选择。

你总有选择的余地。如果你选择了既看重警钟又重视思考中枢的最优路线，就能在个人能力范围内做出虽简单，却对世界和周围人极有意义的贡献。

13

做出贡献

无论是否意识到，你都已经为世界做出了无比珍贵的贡献。你不必做好事，只需清零大脑警钟，因为你只要这样做，就能帮助他人清零警钟。你无需怀着让世界更美好的目的变成更好的人。只要记住这两件事：你的大脑中有一个警钟，它需要你的关注；只要使用FREEDOM模型清零警钟，你就做出了贡献。

FREEDOM模型的最后一个技巧——做出贡献。它讨论的是，你要认识到自己已经为人际关系、周围环境和人生体验做出了积极贡献。

在最初的几章中，我们教你认识了大脑。你是否告诉过其他人，他们的大脑中也存在警钟、思考中枢和记忆中枢？

如果答案是肯定的，那就是一种巨大的贡献。多数人从不曾意识到，思想之所以出现混乱，只是因为生存脑在努力确保我们的安全。很多人以为我们忍受紧张或崩溃是因为自己有问题，其实警钟大多只是想要保护我们不受伤。事实上，我们没有任何问题，而大脑努力保护我们安全的行为更是有如奇迹。

许多人终其一生都认为自己的思想出现了崩坏，从不知道自己可以运用SOS法则激活大脑的思考中枢，认识应激源，优化自己的情绪、价值观、目标和选择。与你不同，他们意识不到自己有能力在生活中实现自控，而自控不仅源于警钟发出的应激信号，更源于完整的最优大脑。

此时，虽然应激源激发了你的警钟，但你没有朝亲朋好友发怒，而是专注于对你和他人最重要的事物。你没有以引发更多压力的方式做出回应，而是降低了所有人的紧张程度，通过专注提升了自己的自控水平。你避免了他人警钟的发作，使他们无需应对崩溃，由此为自己和他人减少了多少悲伤？仅仅通过激活自己的思考中枢而不是任由警钟主宰人生，你便完成了多少成就？

本书已临近尾声，我们想向你展现，只需管理好自己的警钟、激活思考中枢，你就可以加强与他人之间的感情连接，在工作和生活中建立更强有力的合作关系，让专注于热爱之物成为可能。要让世界对你自己和所爱之人而言变得更美好，你无需改变世界。而且，这些益处能超越个体边界，传递到素不相识的人那里。

重要感情关系

人际关系是我们管理警钟最初也是最重要的情境。当我们处于警钟主导的混乱中时，当天接触到的每一个人都会受影响。我们不但有机会，也有责任关注自己的警钟，使用学习脑充分实现清晰思考，以达到持续自控。如果未能这样做，想想你最珍惜的人可能受到怎样的伤害。

让我们回想世界上你最爱的人。

想想那个人的脸庞。想象他正在微笑，乐于与你待在一起。你认为这是因为你做了些什么吗？多数人的警钟总是保持全开状态，原因是我们一直在努力争取周围人的爱情、尊重和喜爱。警钟告诉我们："你最好每件事都做对，否则他们不会爱你。"

你想要维系的人际关系之所以能长期存在，并不是因为你解决了什么问题，或者还在继续为此做更多事情。对于爱你的人而言，你的冷静能调低他们的警钟，令他们开心地生活。你不必成为摇滚巨星、商业大亨或者总统。你不必身家亿万、如模特般美丽、做对每件事情。只要照顾好脑中的警钟，你就会发现其他人也在着手清零自己的警钟了。这种情况不是绝对的，他们这样做也不是因为你提出了要求，而是因为专注就像紧张一样，可以传染。

然而，多数人在与所爱之人相处时，仍然太过努力，从而拉响了自己的警钟，甚至激发了别人的警钟。我们看着他们受伤、生气、悲伤、遭受痛苦，认为自己必须修复这一切。记住，修复的欲望是一种警钟反应。如果需要修复的确实是紧急问题，或者是给裤子缝上那颗纽扣，为干渴的爱人递一杯水一类的问题，那么这会很有用。然而，当配偶、子女或最好的朋友正陷入情绪中时，我们无法修复。但是，只要清零我们自己的警钟，就可以为他们提供最好的帮助。对于他们的情绪挣扎，我们一定会产生警钟反应，但我们其实应当专心倾听，集中精神珍惜他们，以此调整警钟，即使正受到对方警钟的传染。

举个最简单的例子。你愿意为所爱之人做任何事，而他们结束了混乱的一天，暴躁地回到家中（更糟糕的是，他们受到了学校或工作的严重打击），你会自然而然地希望他们过得更好。他们说："我上司是个混蛋。”你没有只是倾听，而试图同情地答道：“肯定的。”但是，你没有调低他们的警钟，而是反而刺激了它。

当你爱人丢了一个大订单，痛苦地回家之后，你努力追溯情况解决问题。你说：“让我们看看哪里出了毛病，这样就不会再犯。”那么，你爱人的警钟只会更高声地怒吼：他只想听你说，即使事情不顺利他也值得被爱。在这种情况下，如果你的回应发自警钟，就会更强烈地刺激对方的警钟。

也许你最爱的人度过了糟糕的一天，只想要发泄一番。他需要你在晚餐之后倾听，或是再给他按按脚。在最优世界中，人们需要帮助时，就会求助。然而在现实世界中，我们通常不直接寻求帮助。你不必拥有读心能力，也能意识到别人警钟发作了。

你只需要留心他们的行为方式和你自己的警钟。别慌。警钟会催你加快速度，修复问题。但如果对你来说真正重要的、能实践你核心价值观的，是让对方知道你对他的爱与信任，那么最好的选项就是把这些展示给他看。但是别试图以此修复什么，也别试图“修复”他，努力让他立刻高兴起来。你不必做任何事情。

也许他人最需要的是你调整警钟倾听。只要你脸上露出真诚的温暖表情，注意他本人和他的感受，可能就足够了。听他说自己度过了糟糕的一天，让他知道哪怕日子不顺自己也很珍贵，能够令他的大脑专注，通常也是你能为别人做的最重要的事。

家族晚餐

让我们来做一个调整警钟的案例研究，选取的场景是几乎每个人都会遇到的：家族晚餐。无论是假日、周日晚上，还是夫妇子女齐聚一堂的平日（尽管这在繁忙的社会已趋近消失），你都会与所爱之人一起坐在桌边。有时这很棒，然而总有些时候，你让每个人都很痛苦。假如警钟在与家人相处时响起，你该怎么做？答案是专注。

食物已经摆好，每个人都在享用晚餐，这时情况发生了——有人开始发表意见。妈妈批评爸爸吃饭的方式、兄弟姐妹开始争夺、家族里某个幽灵般古老的阴暗往事又被提起，也有可能是政治和宗教问题。事实上，每个家庭都有自己的应激源。这些评论简直偷走了用餐时的祥和快乐，而警钟一旦开闸（喝太多酒也常使崩溃加速），就开始咆哮起来，你甚至食不知味。

你可以在此刻做出贡献。你不必说正确的话或做特别的事，只需要认识到当前情况，避免下意识反应。如果想要深入探讨某个政治问题，你可以这样做。但如果其他人的警钟正响，而你又进一步刺激了他，特别是他又认识不到自己的警钟时，他通常就不能停止自己的反应。他会将讨论升级成争吵，甚至冲突。但是这不仅反映出了他的缺点或问题，也使你错失了一次机会。

你也可以做出重要的贡献：你有能力缓释这份紧张。你可以有意识地抽身，暗中询问自己："此时此地对我来说最重要的是什么？"你可以微笑着说："我很高兴你如此在意这件事，并且我真的很喜欢这些土豆泥。"你可以把握房间内的气氛，持续管理好自己的警钟，别再火上浇油。而如果那样不奏效，甚至展现你的温柔本色，也不能阻止这场像失控火车般的谈话发生，你可以继续享用土豆泥。你可以把自己的警钟维持在低水平，仔细品味食物，反复思考一件事——即使是火冒三丈的家人也值得你爱。你可能不会经常参与漫长的家庭聚餐，但是如果参加了，就得避免最后生一肚子气。

被朋友抛弃

7年级时，朋友之间会互相抛弃。在我们开始与异性分分合合地谈恋爱之前，首先会将这种传统施加到彼此身上。男孩和女孩都会这样做。女孩们变得狡猾起来，而男孩们则像鸵鸟般无视不想再相处的人。问题在于，这种抛弃朋友的倾向永远不会结束。女人们仍然会谈论她们的朋友，制造戏剧性事件，最终拒绝他人。男人们干脆不再跟对方说话，如果哪个小子姿态太高，来年就不会收到集体旅行的邀请。

在工作中，我们听说过许多成年男士在妻子的要求下抛弃了男性朋友。我们听说，曾经每周都一起烤肉聚会的邻居，如今会在孩子们遛完狗之后，把屎袋往对方家的草坪上扔。虽然你想花些时间与人相处，但总有些时候，他人认定自己与你话不投机——然后你就感到自己被抛弃了。只要你经历过这种情况，被人从人际关系的小岛上踢出来的记忆就会缠绕着你。每次你意识到这种情况又发生了，警钟就会发出警告信号(带着强烈的应激反应）以获取你的注意力。

那不意味着你必须任由他人的行为改变你自己。你的警钟会立即告诉你，要么是你有问题，要么是对方或者情况有问题。你如果掉入警钟的陷阱，相信自己有问题，就会开始采取一切办法补救局面。你的警钟会要求你跟你们共同的朋友交流。你会开始打电话，绝望地努力修复局面；你如果认为他们才有问题，就会开始告诉周围所有人，离开你的人是疯子，那全是他人的错，你只是一个无助的受害者，或者你最终想尽办法报复他们。无论情况属于哪种，你哪怕得到了短期的好处，之后也会感到更糟。

为什么这些警钟反应总会让你失望呢？因为它们处理的不是真正重要的事物。你可能得咽下自我批评和自怨自艾的苦果，也可能获得同情、实现报复，但是你没法实践自己的核心价值观，也无法达成最优目标。

当人们改变时，我们无法“修复”。有些关系注定只能维持一段有限的时间。我们能做的是，了解痛苦是一个信号，它代表着有问题存在，这也是我们抽身、专注，以恢复清晰思考的机会。

记住你在这段关系中感受过的最优情绪。想想这段关系曾对你产生的意义，以及你为什么珍惜这些朋友。然后想想你目前希望实现的目标，以及什么对你来说才真的重要，而不只是你下意识想做出的反应。

你的目标属于你自己，也只属于你自己，即使其他人不再或不能与你共享，你也仍然可以达成自己的目标。你可以选择重视这些核心价值观和人生需求，其中通常包含其他与你有一致目标和价值观的人。你可以选择专注于这些人际关系。你不再否认失去朋友的痛苦，而是巩固了自己的生活和未来。

当你受到严重伤害，大部分注意力被警钟占据了时，要重新起航似乎是非常困难的。但那正是我们从失去朋友和其他压力中恢复时都会做的事情。我们再次专注于重要的事物，关注警钟发出的悲伤、恐惧或愤怒的信息，并转向新的最优目标。FREEDOM技巧不是消除压力与悲伤的解药，而是应对压力的指南，让你自己决定如何回应生活中的情况。

电子邮件、社交网络和警钟

社交网络已经永久改变了我们交流的方式。好消息是我们可以与全世界的人快速建立联系。挑战则在于，坏消息、难听的评论、错误传达，以及它们导致的各种警钟爆发传播得也同样迅速。社交网络是改善私人关系和建立社区联系的桥梁，我们之所以提到它，是因为我们能与他人建立联系的方式越来越多，这影响了大脑，而你则可以确保社交网络的积极力量不会变成引发紧张的噩梦。

第一：我们口袋中的小小装备对大脑有着巨大的影响。研究显示，每条电子邮件、短信、社交账号信息，都会引发多巴胺高潮。多巴胺是大脑在快乐时分泌的化学物质。我们能从咖啡因中获取多巴胺，也能从可卡因中获取多巴胺。少量咖啡对身体有益，如果摄入太多，我们就会变得虚弱。同样的情况也会在社交网络上发生。虚弱的大脑对应激源高度敏感。

第二：每段交流都能激活你的警钟。至少，你口袋中的震动在呼唤你关注它，从而提升了警钟激活水平。即使只在一瞬之间，也使你身体中出现了肾上腺素。当你无意识地进行虚拟交流时，很容易会被新闻、对话等信息淹没。

第三：你完全掌控着自己的收件箱。无论你使用何种虚拟交流形式，你都控制着使用时间和回复方式。你可能已经得到了很好的建议，比如每天少查看几次信息，至少留几个小时脱离社交网络，以使自己不那么警惕。但是最重要的方法或许是，如果某条消息激发了你的警钟，你可以拿起手机打电话而不是回复消息。如果有人在社交媒体上说了蠢话，在你回复之前，应确保警钟已经平静了下来。

在社交网络世界里，没有比在警钟爆发时展开交流更糟糕的事了，因为我们的行为会永远保存在公共记录中。如果我们每次在收到邮件、短信或信息带来的刺激时，都能执行一次SOS法则，那么我们就可以成为社区建设者，能选择用最优情绪、价值观和目标进行沟通，而不是下意识回应其他人受警钟驱使说出的话。在恢复专注平静之前，你永远没有必要按下发送键。

理清思路是你每天都能做出的贡献，具有不可思议的价值。如果你能先清零警钟，关注思考中枢，再发出信息，就会形成我们在即时交流世界中缺少的特质——警钟需要的是速度，但准确性和核心价值观才是人类需要的。速度方面的一点提升可以令人激动、提升效率，但是信息中包含的价值观和目标才是重点。

连锁快餐店的工作人员

有一种每个人都能实践的，但多数人从来没有想到过的隐秘善举。下次你在买快餐或前往最喜欢的咖啡店时，不妨心怀尊重地对待汽车餐厅的点餐员和为你倒茶的服务员。我们的意思不是让你尊敬地跪下，而是展现出你对待老朋友时那种感激的微笑，并温暖地问好。

想想普通连锁快餐店店员和他们的警钟吧。他们的绩效评价主要取决于工作速度，工作内容本身是重复性劳动，报酬也不怎么高。购买食品的客人总想事事都顺自己的意（因为广告是这么承诺的），还不想付很多钱。他们希望能受到良好的对待，而吃快餐的人通常比较匆忙，经济条件一般，或有吃快餐的习惯——这三点都使得客人的警钟更容易被触发。普遍而言，快餐店职员要么已经麻木了，机械地度过每一天，要么会由于其他人糟糕的对待而脾气暴躁。

随后你走进了门，面带微笑。你十分有礼貌，态度随和，然后说道："谢谢！"

如果对方注意到这一点，他最终也会报以微笑。对方会意识到你的警钟激活水平很低，那会调低他的警钟。更有可能的是，他不能完全理解你的行为。你可能与他服务过的其他162个人截然不同，因此他暂时无法理解你的善意。随后他会想起来。他会回顾当日，想起你是一位慷慨的人，给了他尊重。

在警钟看来，这是我们能构建社区的理想方法。我们的伟大目标(让每个流浪汉有地方住，每个孩子有学上，让世界上所有人都免于饥饿)，始于日常生活中的简单小事。当全世界的警钟激活水平都有所降低时，人们就更容易产生最优体验。如果我们都能采取行动，专心调整警钟，其他人就会盼望与我们这样的人一起工作，从而一起解决我们都希望取得进展的全球性难题。

会议中生气的同伴

我们每个人都见过开会时（在工作、政治体系、信仰团体中，以及公开广场辩论、集会和抗议时）有人失去理智。

那人是如此愤怒，你能看见他额头上爆出青筋，面红耳赤。整个房间内的警钟都发作了（也确实有理由发作）。我们在“为情绪赋能”一章中探讨过此类问题，愤怒是他人的目标或核心价值观受到阻碍的表现。然而，愤怒引发了应激反应。

假如会议中有人发火，你要做的第一件事是稳定自己的警钟。

执行一次SOS法则。根据最优情绪、价值观或目标确定一件重要的事物，而不是只依赖警钟的选择，将思想定向至这件事物上。

当怒气来临时，要非常明确地认识到自己的应激源：到底发生了什么情况，或者谁说了、做了什么，使得警钟向思考中枢发出愤怒信号，要求你必须修复局面或保护自己？

选择看到对方的激烈反应中藏着的机会：此刻，每个人都在注意。集中你的精神，同样仔细地留意。但是留意的对象应当是真正重要的事物，而不是戏剧性的场面或情感烟花。

当你意识到自己的应激源，并执行了SOS法则时，你的镇定能帮助整个房间的人恢复情绪平衡。

如果你是推进这场会议的人，当你冷静之后，同事也会冷静下来。别招惹生气的同伴，那样会进一步刺激他。如果你保持自信，意识到他的怒火，并开启能让所有人控制住自己的新话题进行疏导，就不仅能平息其他人的怒火，也通过团队的表现强调会议很安全，大家可以做自己，哪怕生气也没关系，以及没有情况是你不能应付的。

再次强调，关键在于管理自己的警钟。对于一个愤怒的人，没有任何话语是毫无瑕疵的。如果你挑战他，他会更生气，而如果你安抚他，他的怒气值反而会升高——这样做就像在否认他感受的合理性。你也不能用怒气对付怒气，那只会使灾难升级。你能做的是，使用FREEDOM技巧，帮助自己专注于当下的最优体验。有可能的话，还可以通过自身行动使其他人意识到，你们可以更有意识地疏导发怒者的警钟。

什么是你热爱的事情

为了建立自己想要的生活，所有人都需要帮助。我们希望能在私人关系和社会团体中创造贡献，其根本原因是我们希望做自己热爱的事情。不幸的是，许多人只是在做自己应该做的事情。父母、老师等有影响力的成年人总在告诉我们，我们应当成为什么样的人，应当度过怎样的人生。警钟要求我们听话，否则就会遇到麻烦。数十年过去了，我们遵循着他们的步伐，而不是学习和发现哪条道路才能为我们打开最优世界的大门。

因此，在管理警钟之外，我们还可以做出一项伟大的贡献：做你热爱的事情。世界上的许多文化都提倡尊敬父母、为国家牺牲、为他人生活，而我们的思想可能与之背道而驰，但这样的价值观可能才是最有意义的。我们并不是在宣扬自私的个人主义，倡导无视家人和社会服务的作用。我们只希望你在这些文化允许的范围内，经过学习而自愿履行为他人牺牲的承诺，而不是像太多人那样，因为忍受警钟反应而浪费了宝贵的岁月。

什么是你最热爱的事情?

运动？艺术？赚钱？每天闲逛？我们不是在对你的热爱评头论足。

我们强调的是，如果你没有尽可能频繁地从事它，那么你更像在受警钟驱动而生活。而你本可以活在最优世界里。我们的意思不是说它是一条通往最重要的事情的捷径，只是在强调，你有权选择追寻每天早晨醒来都比前一天更兴奋一点的生活。

那不意味着你的警钟不会响。警钟当然会响。在面临危险或尚未实现最优生活时，你会想要听到它的响声。你可能正专注于最优意义上的重要事物，从而为世界做出贡献，也有可能只是下意识地跟随别人对你的期望做出反应。你必须能区分这两者。

问问那些热爱自己事业的人吧，他们会告诉你自己永远不会退休。他们不在乎熬一整夜做项目。对于热爱自己事业的人来说，问题在于不要忽视家人、朋友和社会团体，但这是警钟应当为最优世界解决的问题。警钟会保证你的安全，会要求你重新探索如何平衡热爱之事与深爱之人。但是要想体会到这种可爱的困扰，你必须追求自己热爱的事情。

电子工程师爱因斯坦

“电子工程师爱因斯坦”的名头，比不上爱因斯坦本人响亮，他有无与伦比的头脑，解剖了时间与空间，赢得了诺贝尔奖，也永远改变了我们对宇宙的理解。但是如果爱因斯坦没有从事自己热爱的事业，没有在人生的每一步都用自己与生俱来的大脑创造贡献，那么“电子工程师爱因斯坦”就很有可能成为现实。这故事并非要向你讲述怎样才能像爱因斯坦那样做出贡献。这故事与一颗大脑有关，它从不按其他头脑认定的方式运转。这个真实的故事说明，如果我们能在生活中对警钟进行良好管理，身为人类，我们就有能力做出最伟大的贡献。

有故事称爱因斯坦是个差生，这是错误的。在成长的每一个阶段，他都保持着优秀的数学和物理成绩。但是，有三件事使他知道如何专注于自己热爱的事物，而不是其他人的要求。首先，他学说话很慢。他的姐姐回忆道："无论要说多稀松平常的话，他都会嚅动嘴唇轻声对自己重复。他学习语言如此困难，以至于周围人都担心他永远学不会。"但是这种缓慢没有困扰他。

爱因斯坦晚年谈道：

> 当我问自己，为什么发现相对论的人是我时，考虑到以下背景，答案简直令人难以置信。普通成年人从不费脑子思考空间和时间的问题，因为他们小时候已经想过了。但是我成长得特别慢，因此我在成年之后才开始思考空间和时间。最终，我在这个问题上钻研得比普通儿童更深。

无论他是否夸大了自己的经历，他确实让大脑专注于思考真正需要好奇的事情。尽管他学习语言的困难无疑使警钟更易被激活，这也使他能专心在能力范围内做出贡献。他祖父母在来信中总称爱因斯坦为"聪明孩子"，而他将自己的头脑集中到了科学上。

第二，爱因斯坦不仅在学校之外很成功，而且很早就申请了大学。爱因斯坦的父母希望他成为电子工程师，但他讨厌德国传统高校的教学风格。事实上，他16岁就申请了大学。尽管因为没有高中学历，他几次都没有通过入学测试，但是他的数学和物理成绩很突出。通过再次尝试，他第二年通过了。如果他像父母希望的那样做，就会带着毫不兴奋的学习脑留在学校里，可能此生都是一名扎实但没有激情的电子工程师，痛苦地生活着。

与之相反，爱因斯坦专注于能使自己兴奋的事物，这是第三件有关爱因斯坦的事实，让他做出了伟大贡献。1905年，他在一年内发表了5篇论文，包括具有非凡意义的相对论，其中任何一篇都能成为其他科学家一生事业的顶峰。

那些赋予我们最强烈幸福感和自信感的贡献，并非来自其他人的期望。它们是我们瞄准能使自己兴奋、有长进的事情，通过努力钻研而发掘出来的。爱因斯坦知道，其他科学家的研究还需要继续扩展。因此他摒除了科学团体和家人的反对，致力于建立能解释宇宙的理论。他关注自己认为最重要的事情，真正理解了宇宙的各种复杂性，却又以他人能理解的简洁方式表达出来。这最终构成了他的伟大发现。

他的理论不是突然蹦入脑海中的，而是建立在他观察世界的独特方式上的。我们每个人都有能力做到同样的专注。爱因斯坦不会因为大学同事没有鼓掌就停止探索。他发现了一个理解宇宙的新方程式。

我喜欢帮助别人

正如爱因斯坦通过每日专心思考自己热爱的事业而做出了巨大贡献一样，你无需组织新的绿色和平运动，也可以参与改变世界的行动。1991年，在马萨诸塞州绍斯伯勒小城，一位热爱为别人提供食物的母亲兼护士和一位留意到需求的官员，共同建立了一所食品储藏室。

他们注意到，有时人们会来到他们的教堂寻找食物，便想：在橱柜里放一盒食物以照顾饥饿的同胞能有多难呢。意识到这点之后，两人管理好了自己的警钟。他们不仅关注自己，只要看到了一个简单的机会，就出手帮助。

随后，在城中6座教堂的会议上，他们开始讨论，是否存在更多有需求的家庭。这座小城有超过6 500名居民，且人数仍在增加，对食物有需求的可能不只是出现在教堂外的人们。联合教区决定利用一个存放在教堂后的闲置橱柜。他们将它装上架子，打开后门，这样饥饿的市民就能获得支撑一周的物资而无需感到尴尬。

2000年，储藏室提供食品的对象已经从城中的20个家庭增长到了近9 000人。教堂收集食品。学校完成食品运输。男女童子军也参与进来。当地每个退休社团都要求人们把食物送到这一社会项目中。没有人专门制作食物——他们只是随手拿起多余的一罐汤或一盒麦片。当该州开始在城中旅馆收容无家可归的人时，储藏室提供了物资和食物。当储藏室的老顾客需要食用油或处方药却又买不起时，捐款能确保他们的需求得到满足。

到了2008年，小城人口数量几乎达到10 000人，而经济衰退使更多市民挨饿。一个月内，小城里新出现了20个挨饿的家庭。他们在另一个闲置柜子里找到了多余的空间，将它摆放在教堂大厅舞台的一角，还将车库作为另一个教堂。没人引发警钟反应。教堂成员只是告诉人们食物需求有所增加，也有更多空间存放食物。

2011年，教堂每周提供多达200人份的食物。那年秋天，童子军开展了一年一度的义卖活动。他们把塑料袋挂在全城的信箱上。当人们去杂货店采购完，会多买一些面条或吞拿鱼，并在周六早晨把它们放入塑料袋挂回信箱。那个秋日的早晨，活动总共采集了5吨食品。20年前，两个人小试牛刀运用了最优大脑，后来却促成了每周养活200人的持续性运动。

如果护士和官员在1991年就决定要征集5吨食品，市民和教堂工作人员的警钟就会被激发。人们不了解情况，也苦恼着要把食物放在哪儿。想象一下如果护士和官员一早就试图大张旗鼓地立刻修复问题，情况会如何。事实上，他们成功地管理好了自己和全城人的警钟。他们充分优化了大脑的专注力和帮助他人的能力。日复一日，年复一年，他们在整座城市中消灭了饥饿。

二手冷静和自信

你的最优大脑正利用警钟信息和学习脑的能力来创建最优生活，因此，你成了宇宙中不可或缺的一部分。你的受教育水平、财富、社会地位、职业乃至物质财产，都不能代表你。你拥有的独一无二的珍贵思想才应当受到外界拥护，在其他人受困于警钟世界的时候屹立不倒。它不是自己所有成就的总和。反之，它代表了当一个人专注于当前最重要事物时，能获得多少乐趣。

而当你把清醒的时间投入最优世界中时，也会影响其他人。将二手压力翻到背面，你会像爱丽丝发现仙境那样，发现“二手自信”。如果你能在房间里带着微笑漫步，清楚自己想要达成什么目标，知道自己期望拥有最优体验，那么其他人也会希望得到你拥有的一切。

自信会产生冷静、无压力的环境。你的冷静又会催生其他人的冷静，因为如果你的大脑是专注的，其他人的头脑也会变得专注。

14

预见通向最优生活道路上的陷阱

现在，我们希望你已彻底意识到，你完全可以摆脱以往使自己筋疲力尽的压力。你已经拥有了这种能力，只是还不知道解决办法一直触手可及。面对过去曾经压垮你的情况，你其实可以选择冷静。你比脑海中的自己更有自控力。你，以及你如今的大脑，都有能力建立起原本看似专属于电影明星、企业高管、顶尖运动员的自信心（记住，他们也和你一样，要与同样的困难做斗争，要付出同等努力保持专注）。

你可以生活在最优世界中。这不是童话故事，也不是白日梦。这是你的人生。这是你有能力改变的人生。没有任何人可以取代你做出贡献。此外，当你选择生活在最优世界中时，其他人会试图把你拽回到警钟世界里。我们将探讨哪些对象需要警惕。你为改变自己付出的努力是值得留意的。尽管人人都可以选择采取行动，理解并充分优化自己的大脑，但并非每个人都会这样做。

他们的警钟仍然在响

你越是勤加练习，FREEDOM技巧就越能帮助你消除压力，实现最优生活。越是优化自己的生活，就越会注意到身边精神散漫的人。在日常生活中，随着你对警钟的掌控时间变得更长，你将面临的第一个挑战就是，意识到其他人的步调与你不一致。他们的警钟仍然在爆发中。他们不了解自己的大脑。他们会下意识地对冲突或紧张环境做出反应，却不知道自己行动的原因。当你处在最优世界，而其他人却陷入崩溃时，他们可能认为你有问题。

你无法越俎代庖，为他人调整或清零警钟。你能做的是将一场对话的节奏彻底放慢，向人们展示如何摒弃警钟反应，专注思考最重要的事物，从而定向自己的思想，再评估自己是否变得更冷静、更有自控力了。也有些时候，他人的警钟激活水平较低，因此你甚至可以向他们解释SOS法则，这样他们就知道你是怎样保持如此冷静的了。通过有意识地专注，你为他人提供了一起步入最优世界的机会。他们会有所察觉，往往也会想要分享你的知识，以获得比崩溃愉快得多的体验。

但是周围人的反应或许也能让你冷静下来，哪怕只是暂时性的，否则他们大概会在警钟反应里陷得太深，以至于没有能力或意愿打破应激反应的恶性循环。警钟能感知快乐。人们如果爱上了肾上腺素激发的感觉，可能就无法认识到自己的生活模式与你不一致了，即使肾上腺素的来源是愤怒、争吵等负面的东西。既然你现在掌握了警钟的相关知识，也知道如何从这个信息源中获得帮助，构建自己想要的生活，你就能想出办法与被警钟控制的亲友、同事和邻居交流，以免他们把你逼疯。面对警钟仍然活跃的人，与他们相处的关键在于，别任由自己的警钟本能回应对方的压力，最后控制你的选择。

但是设想一下，有人真的很痛苦，甚至认为你是全世界所有问题的始作俑者，还打算把他本人的痛苦和全世界儿童的饥荒都归结到你头上。如果对方在咆哮（这会激发你的警钟），你可以先执行SOS法则，然后询问："你现在能冷静地说话吗？如果不行，我们找别的时间聊。"

如果父母、配偶、孩子由于肾上腺素冲动而风度全无，我们要意识到目前的情况，专心想自己有多爱他们。我们不会接受他们的任何折磨，但我们也能理解人有时会崩溃。如果我们能避免以相同的警钟反应做出回应的话，他们未来会心怀感激的。而且一旦他们恢复冷静，双方就能再次建立感情连接，从而加深这份感激。

你现在知道了最优世界的存在，就能够容忍过去曾经窃取快乐的应激源，并清零警钟，使自己不再只是下意识地回应压力。你的思考和行为都真正处于自我的控制之下。

你会遇上难过的时候

仍然有些时候，你无法调整、清零警钟。虽然你掌握了警钟知识以及管理应激反应的技巧，但并不意味着你可以永远保持冷静自信。如果你开始承担挑战——比如养育子女、发展事业或改善社区，就会感到警钟激活水平的上升。在一些倒霉的日子里，或麻烦发生时，你只想蒙头睡觉。

记住二手压力的概念：如果我们遇到了一群没有充分执行SOS法则

的惊弓之鸟，就会被他们过激的警钟捏住喉咙。人物、场所、各种意外都可能刺激我们。首先，我们将感受到自己可能不太喜欢的应激反应。我们无法阻止车祸、朋友或同事的崩溃，即使竭尽全力，也难以避免失误。在最糟的时候，我们仍将偶尔崩溃。

但和过去不同，我们不会彻底失去自控，即使失控也不会持续很久。我们不再是环境的受害者或大脑的囚徒，我们将知道，即使彻底崩溃也只是暂时情况。在这种情况下，我们有能力道歉，并解释自我挣扎的原因。我们可以做出决策，预防同样的崩溃在未来再次发生。我们无法完美地管理压力，也不会想这么做；没有任何压力的人生是绵软无力的。记住，警钟能提升我们的警觉，确保注意力集中。关键在于，你要持续选择注意力的集中方向。

专注生活：第一部分

杰瑞班上有一位学生意外去世，他因此遇到了两个麻烦：为失去一个自己关心的年轻人而悲伤，而且知道课上每个学生都在等待他的答案。那天早晨备课时，他用这个学生的照片执行了一次SOS法则。他唤起了关于这个学生发表演讲的回忆，后者当时讲了祖父最爱的笑话。这些笑话大多很可怕，但课堂上从未有过如此欢腾的笑声。尽管他非常想念这个年轻人，也还是记住了自己对这位年轻人的喜爱之情。

随后他将思想定向至身为教师的核心价值观上：学习。他上课不是为了给孩子们疗伤。他的工作是倾听他们的话语，提出问题以帮助他们弄清情况。他不知道那位同学去世的原因，也不必知道。他只需留给学生们犯糊涂的空间，同时使他们相信自己是安全的。

当孩子们走进教室时，许多人拥抱着哭泣。他们将参加一个简短的集会，可是杰瑞脑中产生了一个目标：为他们提供安全的场所，以尽情悲伤。他知道，自己能传授给学生的最重要知识就是，他们能从彼此那里获得安慰。如果他主动要求他们互相帮助，这就少了一些价值。

一整天里，警钟都在不停告诉他一定要成为完美的老师，让孩子们再开心起来，他则选择关注自己提供安全场所的最优目标，这让他在傍晚时筋疲力尽。那是他教学生涯中最艰难的一天，他看着离世男孩的照片，崩溃了。自童年以来，他第一次号啕大哭。他任由自己哭泣。那一刻，感受失去是最重要的事情。了解自己有多爱学生，使他成为一名伟大的教师。也正是这一点，令他坚持帮助学生学习生命中的一切知识。

专注生活：第二部分

凯伦整个夏天都在接受自行车100英里比赛的训练。此举的最优目标包括两部分：一是减肥塑形，二是为夺走她母亲生命的乳腺癌研究筹措资金。她专心致志地训练。终于，一切准备完毕，她迫不及待地要迎接骑行的到来，会见数百名赛友——他们拥有相同的比赛目标，关心并支持赛事的目标。

比赛举行之前三天，她生病了。她几乎起不了床。比赛前夜，她感觉稍微好些了，但却面临一次选择：是冒着中途退出的风险参加比赛呢，还是干脆别试？她有无数个理由待在家里，也知道即使自己不骑，支持者们也会心甘情愿地捐赠资金。

比赛当天早晨，她的感觉依然很糟糕。前一晚她摄入了大量水分，也吃了一点东西，但不知道自己怎样才能完赛。她的警钟要求她留在家里，保证安全。她询问了医生，对方说病不会传染，因此如果她想尝试，只需要听从身体的愿望。

当她与其他车手一起来到起点线时，肾上腺素开始了分泌。她的最优目标是健康，并且也做到了这一点。是否完赛并不重要，她使自己做好了竞争的准备，生病也不在她控制之内。惊人的是，骑了30英里之后，她依然感觉良好。她没有按照比赛的状态骑车，而是将目标调整为：在不受伤的前提下，骑得越远越好。

骑到了60英里时，她已筋疲力尽，但想起了其他正为母亲而战的女选手们，因此坚持前进。到了第90英里时，她几乎踩不动踏板。光是让自行车继续向前行驶，就花费了她的所有力气，她听到警钟高呼应该停下了。

可是她想到了母亲。她看到母亲在医院病床上微笑着接受治疗。母亲没有了头发，脸庞也清瘦很多。癌症夺走了她的生命，可她依然在微笑。

凯伦只要有这个念头就够了。当她穿过终点线时，丈夫扶她下车，并问道："你怎么做到的？脸色看上去不错。"

她笑容满面地说："妈妈从来不会停止微笑，所以我也绝不会停。"

不是每个人都会喜欢你新的一面

当人们不喜欢你新的一面时，首先要记住他们的生活正受着警钟指挥。面对世界的破碎（它影响了个人、组织、社团和政府），我们须抱有同情，其中的关键在于，持续观察人们到底是根据警钟还是最优大脑做出行动。

了解了以上情况，你可能感受到自信与同情。这并不容易，甚至可能使他人感到害怕或生气。但是你的朋友明知你所有缺点却依旧爱护、容忍你，同样，你也不会由于父母、兄弟姐妹、配偶的警钟响起而放弃他们。事实上，只要你留心观察，为他们提供空间、创造机会，降低警钟激活水平，就能对世界做出美好的贡献。

这时，可能会发生意料之外的事情。随着警钟激活水平降低，他们意识到你身上发生了什么。威胁感消退以后，他们反而会开始好奇。他们会小心翼翼地提出疑问："你跟以前有哪里不太一样？""你的生活有什么变化？你减肥了吗？"他们的学习脑在你身上发现了异常情况，于是他们开始委婉地询问，这时你可以谈谈自己了解的知识了。但是，别搞得像个教授或大师一样。反之，你要表现得如同一位关心对方的善良朋友，只想提供一点点你希望有用的智慧花絮。

你可以把这本书给他们。你可以邀请他们了解自己的大脑。你可以讲讲故事，说自己曾经受到的刺激（但现在已经不会了，因为能察觉到类似场景的出现）。你可以谈谈你是如何选择自己的感受和思考方式的，以及切实了解并掌控自己想要的体验会带来多么截然不同、令人惊叹的效果。

你可以请他们聊自己最喜欢的旅程，然后询问他们感受如何。你将帮助他们为情绪赋能，让他们有能力专心思考最优目标和最优选择，令他们创造贡献而不是传播压力。只要你在指出通向自由的道路时，没有刺激他们的警钟，他们多半会加入你的行列。

你可能必须改变某些关系

有时候，你将决定做出改变。如果生活环境仍在继续刺激你的警钟，你可能会选择搬家、换工作、远离生活中的某些人。如果一段关系已变得极具破坏性，你可能需要彻底离开。有些人和地方在警钟世界里困得太深，已不能也不会改变了。我们希望他们有天能记住，二手压力能榨干人（哪怕是最强壮之人）的生命活力。但是如果你认为这种结局最终会发生，就意味着你已经找到了长期证据，说明他们已不具备控制警钟的能力了。

不过，当你离开并做出改变的时候，你可以在停留于最优世界的同时，给他们留下加入的机会。你不必太苛刻严酷。不必严厉地指责他们仍生活在警钟世界里。你不顾一切地改变他们，其实也表明了你自己的警钟处于活跃状态。你可以温柔而有计划地改变行为方式。你可以明确地跟他们说：对待配偶，你可以提出更温和的计划表，建议他更多地做自己热爱的事情；对待朋友，你可以邀请他们一起爬山，而不是去酒吧；对待家人，你可以把共处时间从一周减少到一天。

当他们由于警钟而再次发火时，你可以管好自己的警钟。如果你不回应，最终他们也没法继续下去。如果他们抱怨，你就立刻开始谈论你人生中最关注的事物，以及它带给你的快乐——虽然过去你曾努力地为自己的选择争辩过。这可能会把他们逼疯。请再次注意到他们的警钟。当他们明确拒绝你时，你不必拒绝他们。他人的糟糕行为，是基于他们的应激反应，而不是真正的本性。

在忍耐了太多他们的糟糕行为之后，你面临的一个最优选择可能是离开。没有人想要生活在警钟世界中，你也不必这样。或者，你或许还能留下。虽然他们的警钟活跃着，但你知道他们挣扎的原因，那些过去足以令你离开的事情，现在可以被游刃有余地应对了。

最优世界

当我们生活在最优世界中时，幸福会像欢笑声一样迅速地传播开。你是否曾经留意过，一个人开心的微笑可以感染一整个房间？如果一个人的应激反应下降了，那么其他人也会不假思索地放松下来。如果全世界的人都知道自己的警钟是有价值的呢？如果所有人都学会了管理警钟，即使警钟响起也知道如何应对呢？如果我们所有人都下意识地专心学习呢？这些问题的答案是：我们会一起生活在最优世界里。

最优世界不会是完美世界。我们依然是人类，而警钟是人类生存的基础。警钟依然是我们生理结构的一部分，即使世界现有的资源和机会已远远超出了古代先祖的想象，我们仍然需要它们。在公元第三个千年中，我们的挑战是从下意识反应的个体，进化为井然有序、目标清晰的社群，这是完全可能的。

最优世界不是白日梦，而是一种选择。我们可以生活在每个人都发自内心互相支持的星球上。如果我们关注自己的警钟，那么冷静自信就有可能成为新时代的新现实。恐慌和不安只能延续一瞬，只要我们意识到，我们有能力控制自己去应对身边的改变和挑战。

我们不想失去警钟。然而，我们确实希望，所有人的大脑尽量不要崩溃，除非迫不得已。我们希望感官能自主区分什么是真正的威胁，什么是不足以压垮身心的声音、画面、感觉。我们想要将思想专注于重要的事物上，而不总是忧虑不足，贪心更多。

古代人类曾经互相分裂，形成让彼此惊慌的敌对社群，这种现象如今依然存在，但这是毫无必要的。在最优世界中，有时我们会给自己找点不自在，意识到并重视警钟，以此保持大部分时间的平静。在最优世界中，每个人都知道自己无论何时都能做出贡献，任何经历都是有价值的。在最优世界中，我们建立团体，停止互相刺激，认识到每个人的应激源，并利用警钟信息成立组织。

我们希望你永远不会忘记，最优世界不是虚幻的梦想。它代表了人类大脑运行方式的普遍觉醒，改变了我们将思想专注于个人及社会生活中核心需求与机会的方式。要想让最优世界变成新的现实，并不需要组织大型营销活动或设立特别的全球性机构，而只需要——你。

你要从警钟手里夺回大脑，优化警钟和学习脑之间的合作，反复练习各种技巧。如此一来，这种冷静、自信和自控的新方法，就将循序渐进地传播到世界的每个角落。

这一切都从你开始——当你每一次管理好自己的警钟、解除压力、体验自由时。

附录A　扩展阅读

我们希望本书能成为你的使用手册，助你理解压力对于大脑的影响，告诉你如何应用专注的原理，重新掌控自己的人生。如果你希望知道FREEDOM模型和SOS法则的科学与临床基础，我们推荐阅读以下内容：

Allen, J., P. Fonagy, & A. Bateman. *Mentalizing in Clinical Practice*. Washington, DC: American Psychiatric Association, 2008.

Courtois, C. A. & J. D. Ford. *Treatment Complex Trauma: A Sequenced, Relationship-Based Approach*. New York: Guilford, 2012.

Courtois, C. A. & J. D. Ford, *eds. Treating Complex Traumatic Stress Disorders: An Evidence-Based Guide*. New York: Guilford, 2009.

Ford, J. D. *Posttraumatic Stress Disorder: Scientific and Professional Dimensions*. Boston: Elsevier, The Academic Press, 2009.

Ford, J. D. & C. A. Courtois, eds. *Treating Complex Traumatic Stress Disorders in Children and Adolescents: An Evidence-Based Guide*. New York: Guilford, 2013.

Herman, J. L. *Trauma and Recovery: The Aftermath of Violence—from Domestic to Political Terror*. New York: Basic Books, 1992.

如果你希望学习更多神经学和大脑基础的知识，我们最推荐如下资源：

Fosha, D., D. J. Siegel, & M. F. Solomon. *The Healing Power of Emotion: Affective Neuroscience, Development & Clinical Practice*. New York: Norton, 2009.

Lanius, R. A., E. Vermeten, & C. Pain, eds. *The Impact of Early Life Trauma on Health and Disease: The Hidden Epidemic*. New York: Cambridge University Press, 2010.

Perry, B. D. and Maia Szalavitz. *The Boy Who Was Raised as a Dog: And Other Stories from a Child Psychiatrist's Notebook*. New York: Basic Books, 2007.

Schore, A. N. *Affect Regulation and the Repair of the Self*. New York: Norton, 2003.

Siegel, D. J. *The Mindful Brain: Reflection and Attunement in the Cultivation of Well-Being*. New York: Norton, 2007.

我们也推荐若干减压方面的经典作品。在了解了如何执行SOS法则，如何应用FREEDOM模型的其他技巧之后，你更能体会到这些技巧的珍贵之处。

Allen, D. *Getting Things Done: The Art of Stress-Free Productivity*. New York: Penguin Books, 2002.

Bloom, S. L. R. *Creating Sanctuary: Toward the Evolution of Sane Societies*. New York: Routledge, 1997.

Davis, Martha, Elizabeth Robbins Eshelman, and Matthew McKay. *The Relaxation and Stress Reduction Workbook*. Oakland, California: New Harbinger Publications, 2008.

Kabat-Zinn, Jon. *Full Catastrophe Living: Using the Wisdom of Your Body and Mind to Face Stress, Pain, and Illness*. New York: Delta, 1991.

Lehrer, Paul M., Robert L. Woolfolk, and Wesley E. Sime, eds. *Principles and Practice of Stress Management, Third Edition*. New York: Guilford Press, 2008.

Leyden-Rubenstein, Lori A. *The Stress Management Handbook: Strategies for Health and Inner Peace*. New Canaan, Connecticut: Keats Publishing, 1998.

Luskin, Fred and Ken Pelletier. *Stress Free for Good: 10 Scientifically Proven Life Skills for Health and Happiness*. New York: HarperCollins, 2005.

Siegel, D. J. *Mindsight: The New Science of Personal Transformation*. New York: Bantam Books, 2010.

Wehrenberg, Margaret. *The 10 Best-Ever Anxiety Management Techniques: Understanding How Your Brain Makes You Anxious and What You Can Do to Change It*. New York: W. W. Norton & Company, 2008.

附录B　SOS法则总结

SOS法则是一种能使你专心思考对自己最重要的事物，从而管理压力的技巧。亦即：当你试图将全部注意力集中于你真正想做好的事情上时，如何实现专注。为了实现专注，你始终需要选择关注的对象，别让自己分心。SOS法则的独特之处在于，它认为，专注是指你选择关注当下对你的人生而言最重要的事物。

专注于你目前最珍惜的某事，是调整警钟反应的一种明确方法。想到或感到自己必须解决某个问题，或修复某一处境时，我们就会开始紧张。执行SOS法则能向大脑警钟保证，你的思路非常清晰，正关注着自己在做的事情，已做好准备应对一切挑战。SOS法则包含3个步骤。

第一步：抽身

抽身是使自己重新进入当下。它是指关注周边环境，关注身心情况。抽身能重新打通大脑思考中枢和警钟之间的通路。

下面是抽身的常见方法：

- 如同擦黑板一般清除脑中所有思想
- 放慢生理和心理活动节奏

- 闭上双眼聆听
- 观察美丽的事物
- 从一数到十
- 有意识地进行三次深呼吸

第二步：定向

定向是指将思想完全集中到某个想法上。这个想法（可能是图像、感官经历、记忆、价值观、目标等）是此刻你人生中最重要的事物。仅专注于一个想法，能激活思考中枢（也就是大脑前额叶），而这会调整你的大脑警钟。

下面是定向的常见范例：

- 父母陶醉地注视孩子玩耍
- 画家专心体会手握笔刷的感觉
- 高尔夫选手只想着下一击
- 领导暂停工作赞赏自己的团队
- 教师重读学生意味深长的语句
- 用餐者品尝美味的食物
- 忙碌的执行官停下手中工作，想象最爱的度假地
- 歌手在唱歌时集中精神感受快乐
- 飞行员降落时想象了一次安全着陆
- 想着自己喜爱的那个特别的场所或人

你需要将思想定向至极为具体的对象和美好而安全的事物上。当你定向思想时，并不是在试图修复或解决任何问题，而是在欣赏人生中现有、具有明确目的、能带来自信感觉的事物。

第三步：自测

自测是指用1～10分的维度，衡量你感受到的紧张程度和自控水平。以下是两个简单实用的表格：

紧张水平

无压力，最佳感觉				有压力，但可以管理			史上最严重的压力		
1	2	3	4	5	6	7	8	9	10

压力既不好也不坏。它是来自你身体和大脑的生理反应，目的是维护你的安全。因此，即使你评得了10分（代表你曾感受过的最高等级的紧张），也未必是无法应付的。此时，大脑意识到当前的形势严峻，只想拧紧发条，应对挑战。

1～2分的紧张程度，宛如一夜好眠之后刚刚睁开双眼时的感觉——冷静、愉快、充满活力且精神振奋。

自控水平

低自控				中度自控			高度自控		
不经思考的下意识反应				开始先思考再反应			思路十分清晰		
1	2	3	4	5	6	7	8	9	10

自控力是指你进行清晰思考的能力。当你评得9～10分时，说明你处于高度自控水平，思路完全清晰，不会因警钟发出的任何担忧、愤怒、恐惧或怀疑情绪分心。当你评得1分时，你会感到无比茫然，压力巨大，或发现自己在紧张时会不经思索地做出反应。

紧张自测和自控自测能使你不再单纯根据警钟命令反应，而是启动大脑的思考和记忆中枢。如果最初的抽身和定向两个步骤未能降低压力，那么自测紧张和自控程度，则会激活大脑的思考和记忆中枢，从而开启优化感觉和清晰思考的过程。

附录C　FREEDOM技巧总结

专注：专注是指通过把握紧张时刻和较为关键的无压力时刻，执行SOS法则，实现个人效益最大化。在警钟没有发作的状态下练习专注，有助于做好准备，在面对紧张情况时更快速地调整警钟（并且重获自控力）。专注不仅与压力管理有关，也能提升个人效率，让我们最大限度地好好生活。

认识应激源：认识应激源是指调动思考中枢，充分了解在特定时刻下警钟反应被引发的原因。当你有意识地关注刺激来源时，你清晰思考和积极处理事物的能力也得到了提升。这有助于建立警钟和思考中枢之间的合作。

为情绪赋能：为情绪赋能是指仔细倾听警钟以及你感受到的应激情绪。为情绪赋能也包括激活记忆中枢，唤醒能代表你最优状态的情绪。当你唤醒了记忆中的最优情绪时，大脑就有能力辨别警钟情绪，并重新定向至你目前想获得的感受上。通过关注自己的警钟应激情绪和最优情绪，你能在警钟和思考中枢之间建立更强的协作。这种协作正是调整警钟并有效管理压力过程中易被遗漏的关键步骤。

实践核心价值观：为实践你的核心价值观，你首先要关注警钟为回应即时应激源所做出的反应。这使思考中枢得以在产生下意识回应之前评估那些想法。随后，你的思考中枢就可以建立新的价值观，或从过去的记忆中枢中提取一段能代表人生最重要事物的思想。

确定最优目标：确定最优目标是指辨别警钟要求你达到的目标，以及能反映你核心价值观的目标。当你重视自己的警钟目标，并通过激活思考中枢纳入核心价值观来进行扩展时，你就已提升了自己的自控力水平。这进一步调整并清零了大脑警钟。

优化选择：优化你的选择是指，每时每刻都记住自己拥有两种不同的重要选择。第一种是遵循警钟命令，解决问题或逃离危险。第二种是追随根植于核心价值观中的最优目标，为最重要的事物采取行动。当你在行动之前考虑这两个选项时，你便建立了思考中枢和警钟之间的合作。做出双赢选择是调整并清零警钟，获取真正自控力的最有效方法。

做出贡献：你每次集中注意力关注最重要的事物，对大脑警钟的输入信号做出决策时，都是在把世界变得更美好。你没有放任警钟彻底主宰生活，而是利用应激反应，提醒自己关注生活中真正重要的事物。你无法只手创造最优世界，但假如你调整了脑中的警钟，就为世界上的所有人做出了巨大贡献。调整你的大脑警钟，有助于每个接触到你的人调整自己的警钟。

鸣　谢

朱利安感谢所有丰富其职业生涯与个人生活的客户、导师、同事、学生、朋友和家庭成员，感谢他们教会他将压力变为有价值的人生。最重要的是，朱利安向父母、女儿、女婿、孙儿女以及工作生活的伴侣——他的妻子致意。

乔恩感谢鲍勃·巴切尔德（Bob Bachelder）、大卫·佩齐诺（Dave Pezzino）、珍·沃特曼（Jen Wortmann）、皮尔格里姆（Pilgrim）和健康生活小组（the Healthy Living Group）的领导和员工，感谢他们的支持和智慧。

我们诚挚感谢经纪人吉尔斯·安德森（Giles Anderson）使本书得以问世，以及编辑夏娜·德雷斯（Shana Drehs）使我们能将这些构想转化为文字。

图书在版编目（CIP）数据

脑科学压力管理法 / (美) 朱利安·福特
(Julian Ford), (美) 乔恩·沃特曼 (Jon Wortmann)
著 ; 吕云莹译. -- 南昌 : 江西人民出版社, 2019.9

ISBN 978-7-210-11301-0

Ⅰ. ①脑… Ⅱ. ①朱… ②乔… ③吕… Ⅲ. ①压抑(
心理学) —自我控制 Ⅳ. ①B842.6

中国版本图书馆CIP数据核字(2019)第082986号

HIJACKED BY YOUR BRAIN: HOW TO FREE YOURSELF WHEN STRESS TAKES OVER By
JULIAN FORD AND JON WORTMANN

脑科学压力管理法

作者：［美］朱利安·福特　乔恩·沃特曼　译者：吕云莹
责任编辑：冯雪松　特约编辑：曹　可　筹划出版：银杏树下
出版统筹：吴兴元　营销推广：ONEBOOK
装帧制造：墨白空间　封面设计：兒日设计·倪旻锋
出版发行：江西人民出版社　印刷：北京天宇万达印刷有限公司
690 毫米 ×1000 毫米　1/16　15 印张　字数：171 千字
2019 年 9 月第 1 版　2019 年 9 月第 1 次印刷
ISBN 978-7-210-11301-0
定价：42.00 元
赣版权登字 -01-2019-155